U0144755

凝煉知識品味閱讀

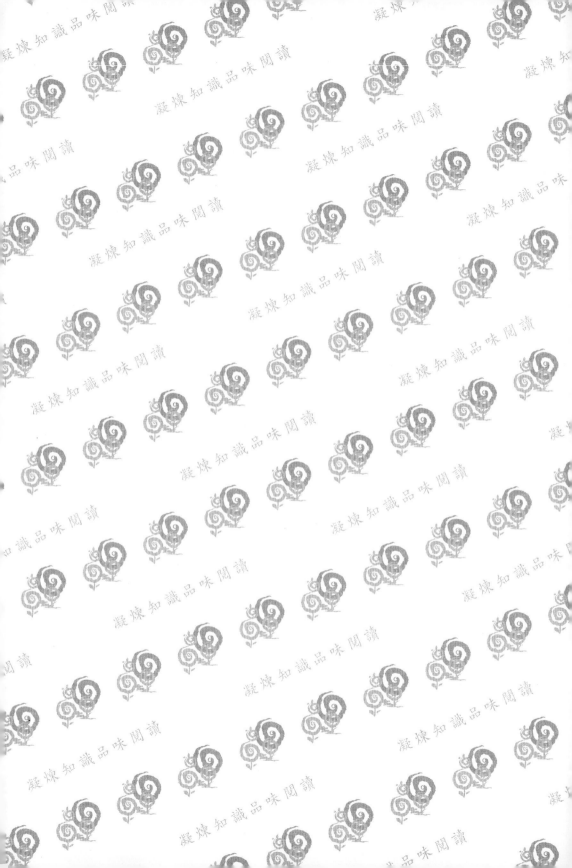

凝煉知識品味閱讀

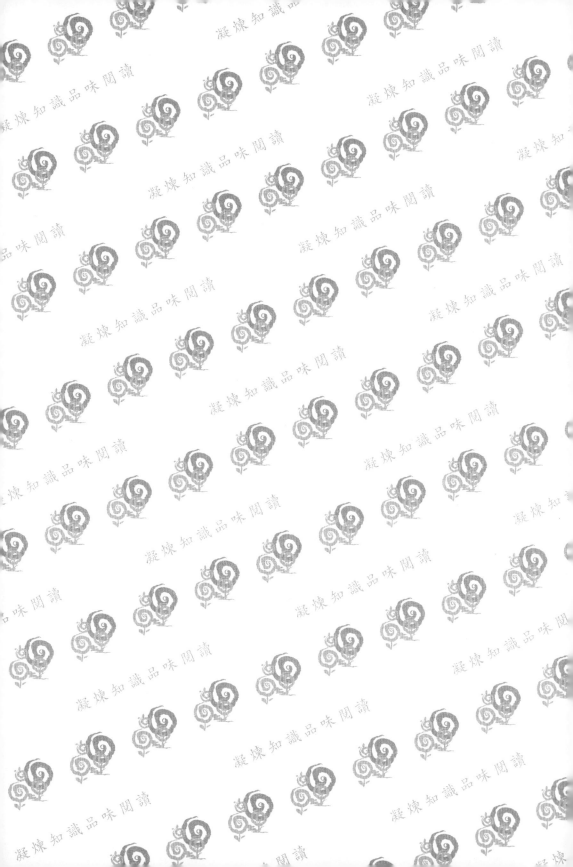

熱處理檢定

丙級證照學術科秘笈

吳忠春 著

首創

熱處理職類
丙級技術士
證照考試專用

五南圖書出版公司 印行

序言

證照制度係推動培訓專業人才、縮短學用落差的重要政策，過去多年來為國家訓練了無數的基層技術人才，實是台灣經濟奇蹟幕後的無名英雄。

本教材《熱處理檢定——丙級證照學術科秘笈》主要內容涵蓋熱處理的重要性、熱處理基礎、熱處理丙級技術士證照學科測驗題庫及術科測驗實作項目，使用條列式說明來協助讀者熟悉熱處理基本知識及實作技能，強化本質學能並順利考取熱處理丙級證照，期能為培訓金屬熱處理產業專業技術人員貢獻一份心力。

本教材係結合熱處理技術士丙級證照的學科題庫，加上作者多年的熱處理課程授課重點自行編撰結合而成的教材，教材內容除了包含熱處理丙級技術士技能檢定學科的所有題目之外，並針對題庫的重點提供補充教材，讓研讀人員有完整的熱處理智識，是全國第一份針對熱處理檢定丙級學科測試所開發的講義。此外，本教材亦針對熱處理丙級技術士技能檢定術科測試的項目詳加說明，提升技術人員術科實作能力，惟教材的內容還有許多改善的空間，未來將依據各界學者專家的指導意見持續修訂，敬請各界先進不吝指正。

本教材的完成，必須感謝教育部資訊及科技教育司（原顧問室）主導的先進產業設備人才培育計畫、台灣金屬熱處理學會、國立高雄第一科技大學模具技術研發中心及南臺科技大學機械系熱處理檢定中心的協助，在此感謝眾多夥伴的熱心及義務協助。本教材的版稅收入將全數捐獻給台灣金屬熱處理學會作為人才培育及產業精進研發用途，歡迎大家一起共同為金屬熱處理領域的人才培育工作奉獻心力。

目錄

第一章 熱處理職類證照重要性與產業關聯性

第二章 熱處理職類丙級技術士證照學科題庫秘笈

第三章 熱處理職類丙級技術士證照術科實作範圍

第四章 熱處理職類丙級技術士證照術科測試秘笈

附 錄 熱處理職類丙級技術士證照學科範圍

1

熱處理職類證照重要性與產業關聯性

學習重點

- 1.1 熱處理的重要性
- 1.2 熱處理與精密機械產業的關聯性
- 1.3 熱處理證照考試測驗範圍
- 1.4 熱處理基礎概念

1.1 熱處理的重要性

金屬材料是日常生活中不可缺少的元素，而熱處理為材料製造成產品過程不可缺少的一環，尤其是在現今節能減碳的政策下，若能利用熱處理技術強化金屬材料機械強度，將可有效降低材料尺寸與使用量，間接節省動力負荷而達到節能減碳之功效。

日常生活中，小至螺絲與刀具，大至模具與工作母機重要機件等，均需施以適當的熱處理來確保具有最佳的機械性質、化學性質及物理性質。

國內工業正邁向「精密機械」的領域，各種關鍵零組件不論在強度上或公差尺寸上的要求都日趨嚴格，工件在經過精密加工前後，均需適當的「熱處理」來改善工件材質，提高工件強度、硬度與韌性。

未受過專業訓練的熱處理人員，常因工件熱處理後產生尺寸、形狀改變及龜裂等現象而束手無策。熱處理技術士證照將協助相關技術人員建立完整的熱處理知識與技能，當可避免或減少上述問題之發生，同時並協助產業獲得適當且穩定的工件或模具。

落實技職教育人才培育與證照制度的推廣，培養技術人員具備金屬熱處理專業知識及技能，方能滿足相關業界之高度人力需求。

需要熱處理技能知識的產業，包括航太、機密機械、生醫、模具、零組件製造等產業，工程領域技術人員若能熟悉熱處理職類技能檢定術科測試相關實驗，考取熱處理丙級技術證照，將能有效提升對金屬熱處理有興趣的技術人員在就業市場與升學研發的競爭力。

1.2 熱處理與精密機械產業的關聯性

讀者可曾想過，有許多自行設計製造的精密機械設備，剛開始運作時均具有良好的操作性能與精度，但使用一段時間之後，就會開始產生「震動」與「噪音」，隨之而來的是精密度開始產生偏差，使用壽命明顯不如國外進口的機械設備。

有部分學者專家認爲，其關鍵問題不在於設計、加工、組裝或機電控制，而應該是在「精密機械元件」的機械性能及使用壽命未臻理想所導致，請參閱圖 1-1 示意圖。因此，未來的精密機械產業若想要有如日本與德國等先進國家的競爭實力，則精密機械設備可靠度與零組件使用壽命的提升與改善，就是一件刻不容緩的任務，機台上的每個零組件以至於機台結構支柱等，都需要講究強度、精度與尺寸穩定度，因此**「慎選精密機械用金屬材料」**以及**「精密機械元件熱處理與表面處理技術的提昇」**將是成功的重要因素之一。

台灣若要提升「精密機械產業」的層級與附加價値，所有從業人員都應具備「工程材料的選擇」與「熱處理實務技術」的能力，方能避免機具構件變形、磨損，並提高精密機械設備的穩定性與使用壽命。

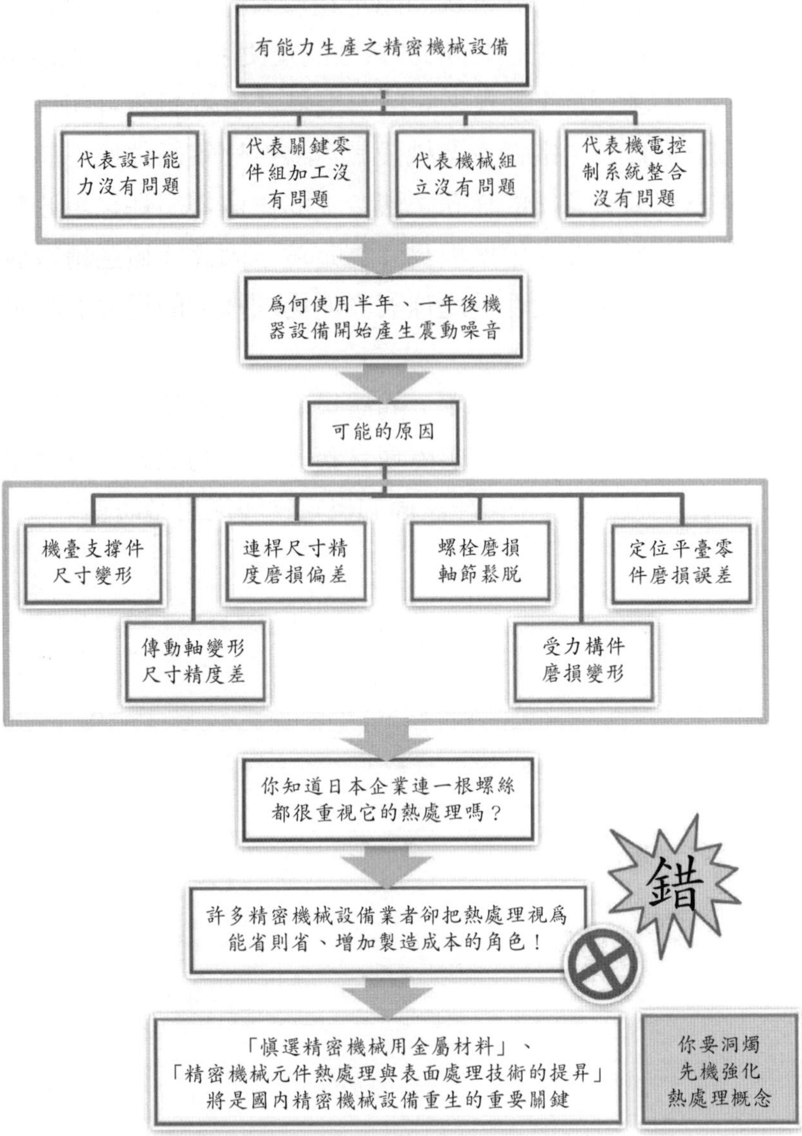

圖1-1 熱處理技術與台灣精密機械產業之關聯性

CHAPTER 1

1.3 熱處理證照考試測驗範圍

熱處理證照的推動結合產業界人才需求與學術界人才培育的理念，分爲學科與術科兩類的測驗，其中丙級技術士應具有依照作業程序單，從事簡單熱處理工作之能力。

學科測驗除應考所有的熱處理相關知識外，還包括基本的材料試驗、機械工作法、品管、製圖、電工、環保、安全衛生之知識。

術科測驗則包括：

1. 一般熱處理：能夠執行一般熱處理作業。
2. 熱處理設備之檢視調整：
   (1) 能夠檢視熱處理設備之運作狀況。
   (2) 能夠以火色概略判定爐溫。
3. 材料試驗：
   (1) 能夠執行HRB與HRC之硬度試驗，並具備HB及HV硬度測試技能。
   (2) 能夠藉由火花試驗概略判定高、中、低碳鋼材。
4. 材料檢查：能夠概略檢查工件的變形。

1.4 熱處理基礎概念

熱處理技術是「加熱」與「冷卻」四個字的工藝，藉由加熱金屬材料到適當的溫度、保持適當的時間後，再施以不同速率的冷卻處理，使金屬材料組織產生改變，因而改變金屬材料的顯微組織與機械性質。

熱處理可改善金屬材料之機械性質，不同用途的零組件，需要搭配適當的熱處理方能使用。例如模具與齒輪等結構材料，爲了支撐加工過程的負荷，必須經熱處理來提升材料的「硬度」；彈簧與帶鋸等工件必須提升材料的「韌性」；加工過程產生加工硬化的工件，則必須使材料「軟化」以利進行後續的加工過程。

加熱的溫度會因材料成份與熱處理目的之不同而改變，一般鋼材會加熱至沃斯田體相區保持一段時間後，再進行工件的冷卻。因此，這個鋼材加熱處理又稱為「沃斯田體化」熱處理。冷卻的速率，則隨著工件熱處理目的不同而改變，一般鋼材可概略分為爐冷、空冷、油冷及水冷等方式。

1. 退火

將鋼材加熱到適當溫度，保持在該溫度一段適當時間後，再進行**徐冷或爐冷**的操作程序，稱之為「退火」（annealing），其主要目的包括除去內部應力、改善冷加工性與切削性、調整結晶組織等等。

2. 正常化

將鋼材加熱到適當溫度，保持在該溫度一段適當時間後，取出放置於**空氣中冷卻**的操作程序，稱之為「正常化」（normalizing），其主要目的是讓鋼材成為標準組織狀態，可消除加工過程產生的不良組織，使結晶微細化、提高機械性質等。

3. 淬火

在沃斯田體化溫度保持適當的時間後，將鋼材**急速冷卻**，阻止共析變態的發生，而讓沃斯田體變態成高硬度的麻田散體，這種熱處理操作程序稱之為「淬火」（quenching）。

淬火之目的是使鋼具有高表面硬度及強度。淬火技巧需把握「臨界區域迅速冷卻、危險區域徐徐冷卻」的操作原則。淬火液大多使用 30℃以下的水或 60 ～ 80℃以上的礦物油。

4. 回火

鋼材淬火後，得到的麻田散體組織太硬太脆，為不穩定組織，且具有殘留應力存在，無法直接適用於產業。將此類鋼材置於高溫處理，消除殘留應力，增加韌性與耐磨性，同時可穩定組織，此種熱處理程序稱之為「回火」（tempering）。

回火的操作方法可分為低溫（150℃～ 200℃）回火與高溫（500℃～

650℃）回火兩大類。

(1) 低溫回火之目的：
- 消除殘留應力。
- 得到適當之韌性。
- 提升耐磨性。

(2) 高溫回火之目的：
- 增加韌性。
- 消除殘留沃斯田體相、穩定組織。
- 增加延性。
- 消除殘留應力。

5. 較常用的鋼材表面硬化熱處理方法

(1) 高週波表面硬化法。

(2) 表面滲碳硬化法。

(3) 表面氮化硬化法。

這三大類表面硬化處理的特徵，在於工件可以兼具良好的表面硬度與心部韌性，廣泛應用於軸類、齒輪等產業的應用。

2

熱處理職類丙級技術士證照學科題庫秘笈

學習重點

- 2.1 工作項目 01：鋼鐵材料之組織與變態
- 2.2 工作項目 02：基本的熱處理方法
- 2.3 工作項目 03：加熱及冷卻裝置的種類、構造
- 2.4 工作項目 04：前處理及後處理方法
- 2.5 工作項目 05：金屬材料的種類、成份、性質
- 2.6 工作項目 06：材料試驗
- 2.7 工作項目 07：機械加工法
- 2.8 工作項目 08：製圖
- 2.9 工作項目 09：電工
- 2.10 工作項目 10：環保及安全衛生

2.1 工作項目 01：鋼鐵材料之組織與變態

1. (4) 共析鋼的含碳量約爲：① 0.022% ② 2.11% ③ 6.69% ④ 0.77%。
2. (4) 亞共析鋼在常溫之完全退火組織爲：①波來體 + 雪明碳體②波來體③肥粒體④肥粒體 + 波來體。
3. (2) 共析鋼在常溫之完全退火組織爲：①肥粒體②波來體③肥粒體 + 波來體④雪明碳體 + 肥粒體。

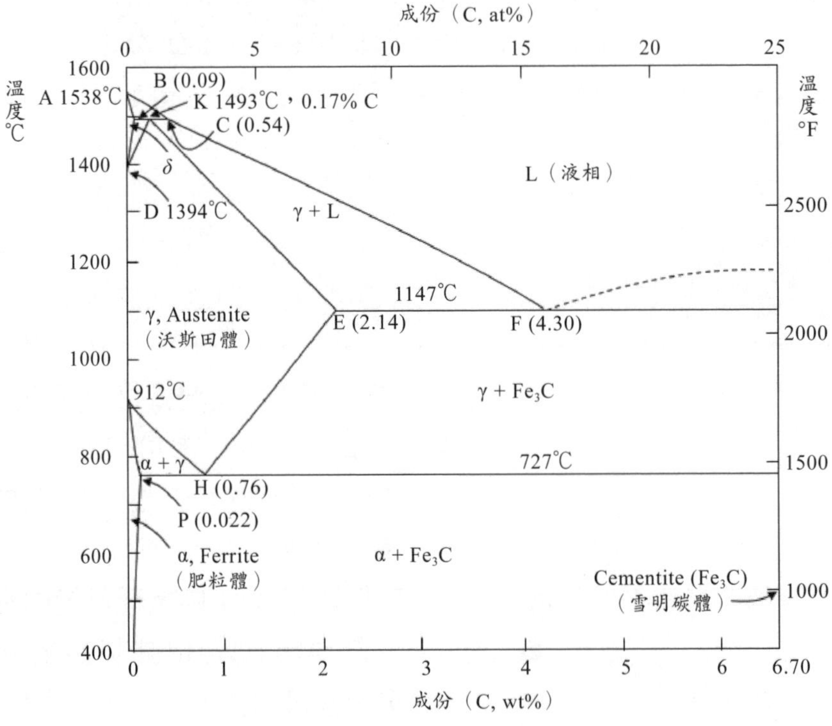

圖2-1 Fe-Fe_3C二元平衡相圖

鐵－碳化鐵（Fe-Fe_3C）相圖超解析：

- 圖 2-1 是鐵－碳平衡相圖的一部分。當加熱時，純鐵在熔化之前會經歷兩次結晶構造的改變。室溫下純鐵的穩定形態稱爲**肥粒體**（Ferrite）或 α 鐵，具有 BCC 結晶構造。肥粒體在 912℃經歷同素異形相變態成爲 FCC 結構的**沃斯田體**（Austenite）或 γ 鐵。
- 持續升溫沃斯田體一直保持到 1394℃，會由 FCC 結構的沃斯田體再轉變回 BCC 結構的 *δ* 肥粒體。
- 純鐵最後於 1538℃熔化成鐵水液相。
- 圖 2-1 平衡相圖橫軸爲「成份」軸（含碳量），縱軸爲「溫度」軸（℃），其中成份軸只達到 6.70 wt% C，在這個濃度形成中間化合物碳化鐵或稱爲**雪明碳體**（Cementite，Fe_3C），在相圖上它是以一條垂直線表示。
- 在 BCC 結構 **α 肥粒體中只能溶解極少濃度的碳，最大溶解度是在 727**℃**，可以溶解 0.022 wt% 的碳**。（圖 2-1 中的 P 點）
- **碳在 FCC 結構的 γ** 沃斯田體**中最大溶解度爲 2.14 wt%**，發生在 **1147**℃溫度。（圖 2-1 中的 E 點）
- 共析反應：γ → α+ Fe_3C，冷卻過程沃斯田體變態成波來體（肥粒體加雪明碳體層狀組織）（共析溫度：727℃，共析反應含碳量：0.76%，圖 2-1 中的 H 點）。
- 共晶反應：L → γ + Fe_3C，冷卻過程液相變態成沃斯田體加上雪明碳體（共晶溫度：1147℃，共晶反應含碳量：4.3%，圖 2-1 中的 F 點）。
- 包晶反應：L + *δ* → γ，冷卻過程液相加 *δ* 肥粒體變態成單一沃斯田體（包晶溫度：1493℃，包晶反應含碳量：0.17%，圖 2-1 中的 K 點）。
- 鋼的分類：亞共析鋼（含碳量小於 0.76% C）、共析鋼（含碳量爲 0.76% C）及過共析鋼（含碳量介於 0.76% 至 2.14% C 之間），請參閱圖 2-2。

CHAPTER 2

- 鑄鐵的分類：亞共晶鑄鐵（含碳量介於2.14% C至4.3% C之間）、共晶鑄鐵（含碳量爲 4.3% C）及過共晶鑄鐵（含碳量介於 4.3% C 至 6.7% C 之間）。
- 普通碳鋼的分類：低碳鋼（含碳量 0.25% C 以下）、中碳鋼（含碳量介於 0.25% C 至 0.60% C 之間）及高碳鋼（含碳量介於 0.60% C 至 1.4% C 之間）。

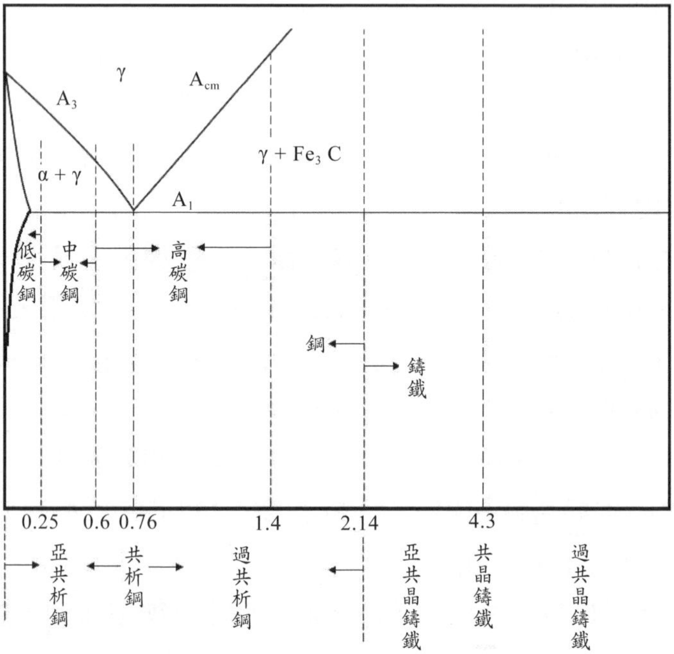

圖2-2 鋼與鑄鐵的分類示意圖

4. (3) 碳鋼之 A_1 變態溫度爲：① 230℃② 912℃③ 727℃④ 1538℃。
5. (1) 純鐵沒有：① A_1 ② A_2 ③ A_3 ④ A_4 變態。

- A_1 變態（共析變態）是沃斯田體變態成波來體的變態，碳含量大於 0.022% 的碳鋼才會產生此共析反應，因此純鐵沒有 A_1 變態。

6. (4) 下列何者的變態溫度是隨含碳量增加而降低：① A_2 ② A_1 ③ A_{cm} ④ A_3。
7. (3) 純鐵的 A_3 變態溫度為：① 230℃② 727℃③ 912℃④ 1410℃。

表 2-1　各種純鐵及鋼之變態現象

變態點	溫度（℃）	變態之內容
A_0	230	雪明碳體之磁性變態
A_1	727	鋼之共析變態，波來體⇔沃斯田體
A_2	768	純鐵之磁性變態，居里點
A_3	912 ～ 727	純鐵及鋼之同素變態，肥粒鐵⇔沃斯田鐵（隨含碳量增加而溫度減少）
A_4	1394	純鐵及鋼之同素變態，沃斯田鐵⇔ δ 肥粒鐵
A_{cm}	727 ～ 1147	過共析鋼中雪明碳體之析出或固溶（隨含碳量增加而溫度上升）
Ar_1		r 代表「冷卻」，所以 Ar_1 代表冷卻過程的 A_1 變態
Ac_1		c 代表「加熱」，所以 Ac_1 代表加熱升溫過程的 A_1 變態

8. (2) 含碳量 1.0% 之碳鋼是屬於：①亞共析鋼②過共析鋼③共析鋼④低碳鋼。
9. (3) 過共析鋼之常溫完全退火組織為：①肥粒體 + 波來體②波來體③波來體 + 雪明碳體④肥粒體。

- 完全退火組織如下：
  (1) 共析鋼→波來體。
  (2) 過共析鋼→初析雪明碳體 + 波來體。
  (3) 亞共析鋼→初析肥粒體 + 波來體。

10.(2) 碳鋼之含碳量為：①小於 0.022% ② 0.022 ～ 2.11% ③ 2.11% ～ 4.3% ④ 4.3 ～ 6.69%。
11.(3) 鑄鐵之共晶溫度為：① 727℃② 912℃③ 1148℃④ 1538℃。
12.(4) 下列資料何者無法從鐵碳平衡圖中得到：①溫度②成份③組織④

硬度。

- 平衡相圖橫軸爲成份，縱軸爲溫度，可以查得平衡狀態下的組織，無法得到硬度的資訊。

13.(4) 純鐵由 α 體→γ 體之變態稱爲：① A_1 ② A_2 ③ A_{cm} ④ A_3。
14.(4) 純鐵之熔點約爲：① 912℃② 1148℃③ 1394℃④ 1538℃。
15.(2) A_1 變態是屬於：①包晶②共析③共晶④偏晶反應。
16.(3) 共晶鑄鐵之含碳量約：① 2.11% ② 0.77% ③ 4.3% ④ 6.69%。
17.(2) 亞共晶鑄鐵之含碳量約：① 0.022%～2.11%（不含）② 2.11%～4.3%（不含）③ 4.3% ④ 4.3%（不含）～6.69%。
18.(1) 共析反應是：① S1 → S2 + S3 ② L1 → S1 + S2 ③ L1 → L2 + S1 ④ L1 → L2 + L3，其中 S1、S2、S3 表示固相，L1、L2、L3 表示液相。
19.(1) 共析鋼加熱至 A_1 溫度上方 50℃時形成何種組織：①沃斯田體②沃斯田體 + 肥粒體③肥粒體 + 雪明碳體④雪明碳體。
20.(4) 下列何者的變態溫度是隨含碳量增加而升高：① A_1 ② A_2 ③ A_3 ④ A_{cm}。

- A_1 變態爲 727℃，不隨含碳量改變。（參閱圖 2-2）
- A_2 變態爲 α-Fe 磁性變態，不隨含碳量改變。
- A_3 變態會隨著含碳量的增加而下降。
- A_{cm} 變態會隨著含碳量的增加而升高。
- A_0 跟 A_2 變態爲磁性變態，反應溫度不會因碳含量而改變。

21.(2) 亞共析鋼加熱至 A_1 以上 A_3 以下之間溫度得到之組織爲：①沃斯田體②沃斯田體 + 肥粒體③肥粒體 + 雪明碳體④雪明碳體。
22.(3) 在鐵碳平衡圖中，下列何種組織不會出現：①肥粒體②波來體③麻田散體④沃斯田體。

- 參閱圖 2-1 之 Fe-Fe_3C 平衡相圖，麻田散體和變韌體均不會出現在平衡相圖中。

23.(4) 鐵碳平衡圖中橫座標代表：①溫度②組織③時間④成份。

24.(3) 下列元素何者會使鐵碳平衡圖中沃斯田體區域變窄：① Ni ② Cu ③ Cr ④ Mn。

- 添加 Cr、Si、Mo、Al、W 等肥粒體形成元素，會使鐵碳平衡相圖的肥粒體區域擴大、沃斯田體區域變窄、γ 沃斯田體穩定溫度變高。

25.(4) 下列元素何者會使鐵碳平衡圖中沃斯田體區域擴大：① Cr ② Si ③ Co ④ Ni。

- 添加 Cu、Mn、Ni、C、N 等沃斯田體形成元素，會使鐵碳平衡相圖的沃斯田體相區擴大、γ 沃斯田體穩定溫度下降。

26.(2) 鑄鐵中熔點最低者為：①亞共晶鑄鐵②共晶鑄鐵③過共晶鑄鐵④白鑄鐵。

27.(2) S45C 是一種：①高碳鋼②亞共析鋼③共析鋼④低碳鋼。

- S45C 表示含碳量 0.45% 的碳鋼，因此屬於中碳鋼或亞共析鋼。

28.(3) 鑄鐵之含碳量約為：①小於 0.025% ② 0.025 ～ 2% ③ 2.11% ～ 6.69% ④ 6.69% 以上。

29.(2) 肥粒體最大碳固溶量約在：① 30℃② 727℃③ 770℃④ 1148℃。

30.(3) 過共析鋼加熱至 A_1 以上 A_{cm} 以下之間的溫度，可能得到組織是：①沃斯田體②沃斯田體 + 肥粒體③沃斯田體 + 雪明碳體④波來體 + 肥粒體。

31.(3) 沃斯田體最大碳固溶量約在：① 230℃② 727℃③ 1148℃④ 1394℃。
32.(1) 鐵碳平衡圖中 A_0 變態溫度約為：① 230℃② 727℃③ 770℃④ 1148℃。
33.(4) 鐵碳平衡圖中沒有哪一種反應：①共晶②包晶③共析④偏晶。
34.(4) 純鐵由 $\gamma \rightarrow \delta$ 之變態稱為：① A_1 ② A_2 ③ A_3 ④ A_4。
35.(3) 在鐵碳平衡圖中，α 固溶體稱為：①沃斯田體②麻田散體③肥粒體④波來體。
36.(1) 雪明碳體是：①化合物②混合物③固溶體④鐵的同素異形體。

- 肥粒體、沃斯田體及麻田散體均為固溶體，波來體是 88% 肥粒體（碳含量 0.022 wt%）加 12% 雪明碳體（碳含量 6.69 wt%）的混合物。
- 雪明碳體為具有斜方晶結構之化合物。

37.(3) 沃斯田體是：①化合物②混合物③固溶體④溶液。
38.(2) 波來體是：①化合物②混合物③固溶體④鐵的同素異形體。
39.(3) 肥粒體最大的碳固溶量約為：① 6.69% ② 0.77% ③ 0.022% ④ 2.11%。
40.(1) 肥粒體的結晶構造為：① B.C.C. ② H.C.P. ③ F.C.C. ④ B.C.T.。
41.(3) 沃斯田體的結晶構造為：① B.C.C. ② H.C.P. ③ F.C.C. ④ B.C.T.。

晶體結構解析：

- BCC 體心立方晶體結構代表性元素包括 Cr、Mo、α-Fe、W 等，其單位格子含 2 個原子〔8 個角落原子，每個原子有 1/8 在立方格內；體心中央有 1 原子，合計 $(8\times1/8)+1=2$〕，配位數為 8，原子堆積因子（Atomic Packing Factor）為 0.68。
- FCC 面心立方晶體結構代表性元素包括 Ni、Mn、Au、Ag、Al，Cu 等，其單位格子內含 4 個原子〔8 個角落原子，每個原子有 1/8 在立方格內；6 個面心原子，每個原子有 1/2 在立方格內，合計 $(8\times1/8)+(6\times1/2)=4$〕，配位數為 12，原子堆積因子為 0.74。

• HCP 六方最密堆積晶體結構代表性元素包括 Zn、Ti、Mg、Cd 等，其單位格子內含有 6 個原子〔12 個六方柱角落原子，每個原子有 1/6 在六方柱內；2 個底面面心原子，每個原子有 1/2 落在六方柱內；3 個內部原子，合計 $3 + (12 \times 1/6) + (2 \times 1/2) = 6$〕，配位數爲 12，原子堆積因子亦爲 0.74。

42.(3) 下列有關麻田散體特性之敘述何者錯誤：①硬②脆③結晶構造爲 B.C.C. ④殘留應力高。

• 麻田散體爲 BCT 體心正方晶體結構，質地硬且脆，變態量與組成及溫度有關，與持溫時間無關。回火麻田散體則爲肥粒體加雪明碳體的混合物。

43.(2) 肥粒體是體心立方格子，其單位格子之鐵原子數目共有：① 1 ② 2 ③ 4 ④ 6 個。

44.(3) 沃斯田體是面心立方格子，其單位格子之鐵原子數目共有：① 1 ② 2 ③ 4 ④ 6 個。

45.(2) 純鐵從 α 體變態成爲 γ 體時會發生：①膨脹②收縮③不膨脹也不收縮④磁性變強。

• α 體具有 BCC 結構，原子堆積因子爲 0.68，原子堆積比較鬆散；γ 體具有 FCC 結構，原子堆積因子爲 0.74，原子堆積比較緻密。因此 α 體變態成 γ 體時，體積會收縮。

46.(3) 下列有關沃斯田體之敘述何者錯誤：①高溫時屬於安定相②能固溶最大碳固溶量約爲 2.11% ③其結晶構造爲 B.C.C. ④質軟延性佳。

47.(4) 淬火時必須先將鋼料加熱至高溫使組織形成：①雪明碳體②麻田散體③波來體④沃斯田體。

- 鋼的相變態需加熱至沃斯田體組織，在冷卻過程才會產生相變態，依冷卻速率不同而形成波來體、變韌體及麻田散體等。因此鋼的熱處理加熱又稱爲沃斯田體化。

48.(4) 下列何者不是固溶體：①肥粒體②沃斯田體③麻田散體④雪明碳體。
49.(2) 鋼經淬火回火後所得到之組織爲：①麻田散體②回火麻田散體③波來體④沃斯田體。

- 淬火會得到麻田散體（固溶體），淬火再回火後會得到回火麻田散體（$\alpha + Fe_3C$ 混合物）。

50.(4) 麻田散體之結晶構造是：① F.C.C. ② B.C.C ③ H.C.P. ④ B.C.T.。
51.(3) 沃斯田體最大碳固溶量約爲：① 0.022% ② 0.77% ③ 2.11% ④ 6.69%。
52.(1) 碳鋼高溫回火麻田散體本質上包含哪二相：①肥粒體、雪明碳體②沃斯田體、波來體③波來體、肥粒體④波來體、變韌體。
53.(4) 下列何者組織最硬：①肥粒體②麻田散體③波來體④雪明碳體。
54.(4) 下列何者組織延展性最佳：①麻田散體②雪明碳體③波來體④肥粒體。

- 硬度大小依序爲：雪明碳體 > 麻田散體 > 下變韌體 > 上變韌體 > 吐粒散體（細波來體）> 糙斑體（中波來體）> 波來體 > 肥粒體 > 沃斯田體（延展性的特性與硬度相反）。

55.(2) 波來體是由哪二相構成之層狀組織：①沃斯田體 + 雪明碳體②肥粒體 + 雪明碳體③麻田散體 + 雪明碳體④變韌體 + 雪明碳體。
56.(2) 沃斯田體一般用哪一種符號表示：① α ② γ ③ β ④ δ。
57.(3) 雪明碳體的含碳量約爲：① 0.022% ② 2.11% ③ 6.69% ④ 4.3%。
58.(2) 碳鋼中唯一的碳化物是：①波來體②雪明碳體③麻田散體④回火麻田

散體。

59.(2) 雪明碳體的化學式為：① Fe_2C ② Fe_3C ③ Fe_4C ④ Fe_2C_3。

60.(2) 恒溫變態曲線圖簡稱：① T.T.C 圖② T.T.T 圖③ C.C.T 圖④ C.T.T 圖。

- 恆溫變態曲線：Time-Temperature Transformation Curve/T.T.T.。
- 連續變態曲線：Continuous-Cooling Transformation Curve/C.C.T.。

61.(1) 連續冷卻變態曲線圖簡稱：① C.C.T 圖② T.T.T 圖③ T.T.C 圖④ C.T.T 圖。

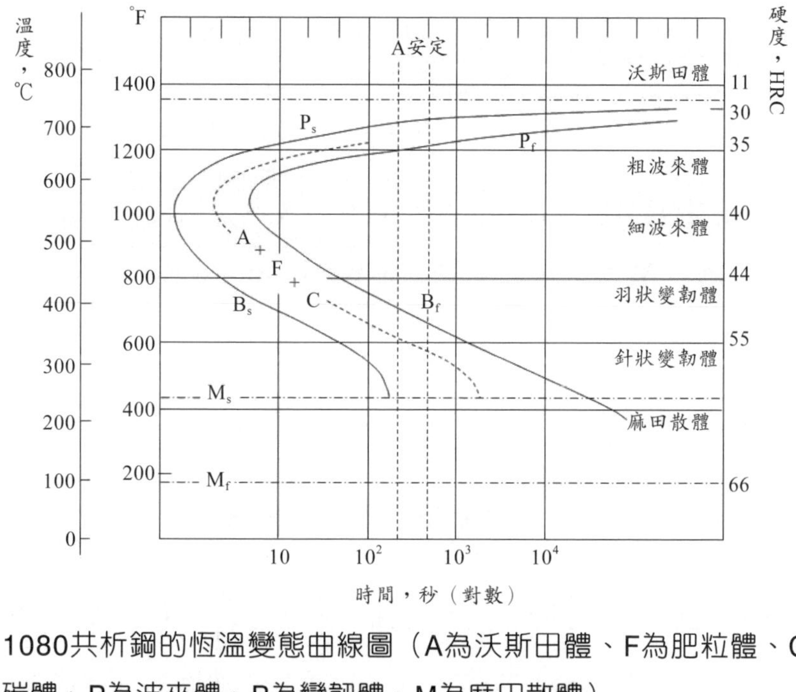

圖2-3　1080共析鋼的恆溫變態曲線圖（A為沃斯田體、F為肥粒體、C為雪明碳體、P為波來體、B為變韌體、M為麻田散體）

62.(2) 實施沃斯回火時，需參考何種重要曲線圖：①鐵碳平衡圖② T.T.T 圖③ C.C.T 圖④冷卻曲線圖。

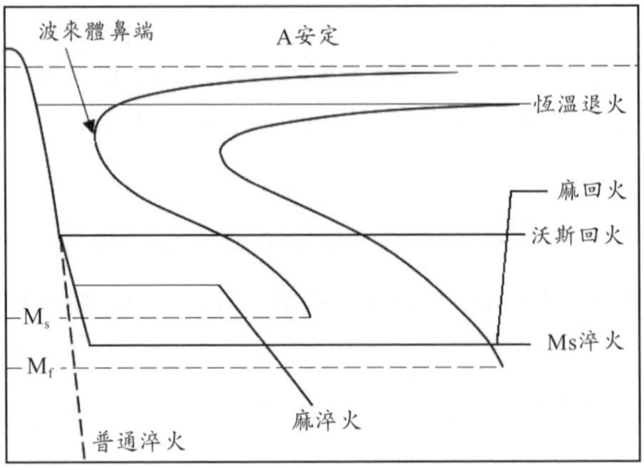

圖2-4　常用恆溫熱處理製程技術示意圖

63.(3) 鋼之 M_s 變態溫度受下列何者因素影響最大：①冷卻速率②加熱速率③成份④加熱溫度。

- 鋼之 M_s 變態溫度受成份的影響最大，尤其是碳的添加量。以下列公式爲例：$M_s = 550°C-350C-35Cr-15Mn+15Co$
- 元素前數値愈大，表示影響 M_s 溫度愈大。
- 大部分合金元素的添加會降低 M_s 溫度，Al 與 Co 元素的添加反而會提高 M_s 溫度。

64.(3) 在 T.T.T 圖中，麻田散體開始變態之曲線用：① P_s ② B_s ③ M_s ④ M_f 表示。

65.(2) 在 T.T.T 圖中波來體變態完成之曲線用：① P_s ② P_f ③ M_s ④ B_s 表示。

- T.T.T 圖中的 P、B、M 分別代表波來體（Pearlite）、變韌體（Bainite）及麻田散體（Martensite）。
- 第二個英文字母 s 與 f 則分別表示變態的起始（start）與完成（finish）。

66.(2) 在 T.T.T 圖中，縱軸是代表：①時間②溫度③硬度④成份。

67.(2) 鋼之一般淬火，下列何者資料最有用：① T.T.T 圖② C.C.T 圖③硬化能曲線圖④冷卻曲線圖。

- 連續冷卻熱處理製程一般參考 C.C.T. 圖。
- 恆溫變態熱處理製程一般參考 T.T.T. 圖。

68.(2) T.T.T 圖中橫座標是代表：①溫度②時間③組織④硬度。

69.(2) 共析鋼之 C.C.T 圖中，決定臨界冷速的是：①肥粒體鼻部②波來體鼻部③變韌體鼻部④麻田散體鼻部。

- 參閱圖 2-5 的連續冷卻曲線圖，V_1 冷卻速率曲線切過 $a_1(P_s)$ 及 $b_1(P_f)$ 點，冷卻速率較慢，會形成粗波來體。
- V_3 爲形成完全波來體組織的最大冷卻速率，又稱爲「下臨界冷卻速率」，比此冷卻速率小，會生成完全波來體；比此冷卻速率大，則開始產生麻田散體。
- V_5 爲形成完全麻田散體的最小冷卻速率，又稱爲「上臨界冷卻速率」，比此冷卻速率小，會生成波來體加麻田散體；比此冷卻速率大，則完全形成麻田散體，不會形成波來體。

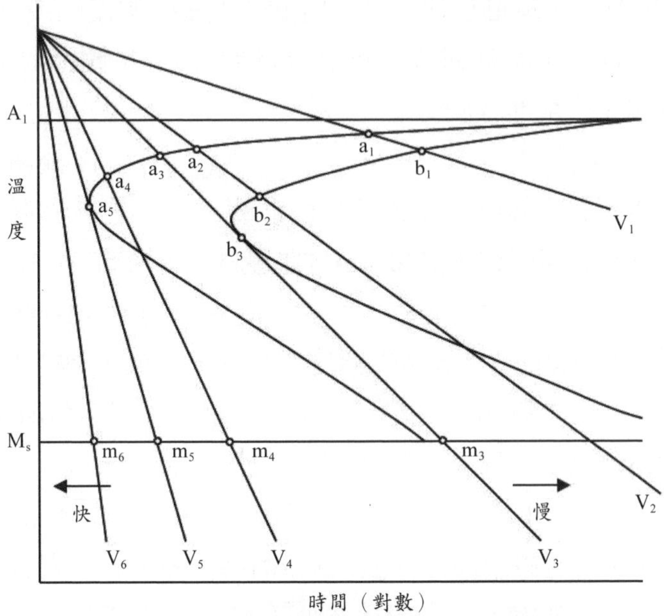

圖2-5　在過冷沃斯田體恆溫變態圖（T.T.T.圖）中的連續冷卻

70.(2) 下列因素何者可使碳鋼增加硬化能：①晶粒變細②添加 Mn 元素③加快冷速④降低含碳量。

71.(1) 下列材料何者質量效應較大：① S40C ② S60C ③ Cr-Mo 合金鋼 ④ Ni-Cr-Mo 合金鋼。

72.(4) 下列材料何者硬化能較佳：① S10C ② S45C ③ S60C ④高速鋼。

- 增加硬化能有四種因素：
  (1) 合金成份：添加合金元素大多會增加硬化能（Co 及 Al 元素例外），其效應依序為 Mn > Mo > Cr > Ni。
  (2) 晶粒大小：晶粒邊界易形成波來體，晶粒愈細，硬化能變差。
  (3) 加熱溫度：加熱溫度愈高，晶粒成長愈大，對硬化能有幫助，但要慎防晶粒過度粗大而影響機械性質。
  (4) 加熱前組織：若越細緻，則加熱過程易形成沃斯田體相，對硬化能有利。
- 合金量越多、碳含量越高，硬化能越好，質量效應越小。
- 質量效應即為工件尺寸大小會影響熱處理結果的指標。
- S 曲線越靠近溫度縱軸，硬化能差，質量效應大，極小尺寸的工件可以完成淬火，但尺寸大的工件，心部無法完成淬火。

73.(2) 喬米尼（Jominy）端面淬火所用之試驗棒直徑約：① 12.5mm ② 25mm ③ 50mm ④ 75mm。

74.(1) 下列合金元素何者不會增加硬化能：① Co ② Ni ③ Cr ④ Mo。

75.(1) 鋼之硬化能受下列何種因素影響最大：①化學組成②冷卻速率③加熱速率④加熱溫度。

- 喬米尼試驗：試棒直徑 25mm 長 100mm，水管直徑 12.5mm，噴水自由高度 65mm，水溫約 24℃，5 ～ 10 秒內裝設完畢，噴水 10 分鐘以上，測試材料之硬化能。
- 喬米尼試驗裝置如圖 2-6 所示。

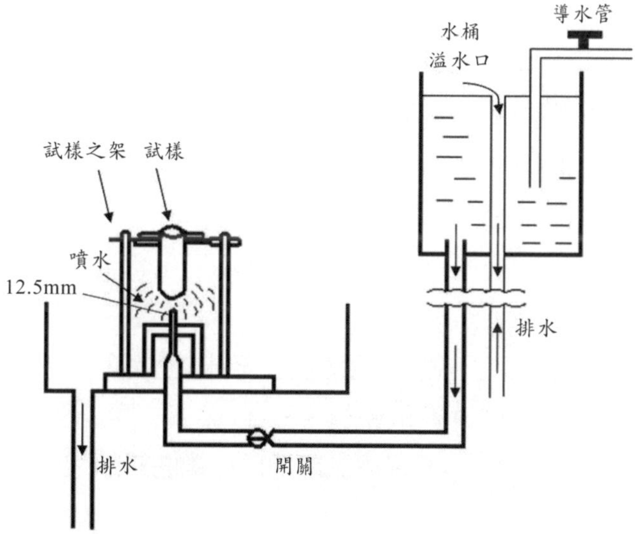

圖2-6　喬米尼端面淬火試驗裝置示意圖

硬化能解析：

- 測定硬度是由淬火端開始，以 1.6mm（1/16"）為單位，在下列各點測 HRC 硬度。測定前應先在相對兩側面磨去 0.38mm 的深度，形成一組平行平面。
- 利用所測定的結果可畫出如圖 2-7 的硬化能曲線，由圖中可知淬火端的硬度最高，而離淬火端越遠它的硬度越低，這是因為淬火端冷卻速度最快，容易產生麻田散鐵，而離淬火端越遠它的冷卻速度越慢容易產生波來體。
- 硬化能的表示法，除硬化能曲線外，尚可用硬化能指數表示之，例如 J_{10mm} = HRC40，表示距淬火端面 10mm 處硬度為 HRC40。
- 硬化能有保證之鋼，稱為 H 鋼。上下限曲線即構成硬化能帶，簡稱 H 帶（H-band），如圖 2-8 所示為 SCM 440-H 鋼。

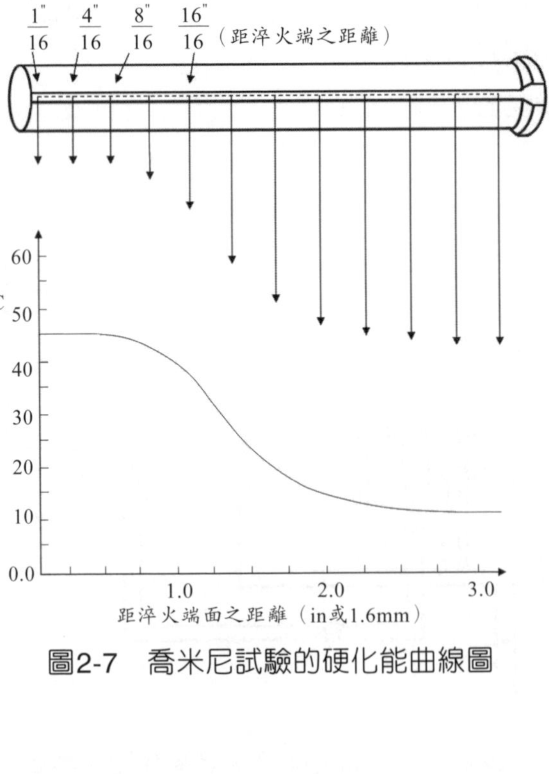

圖2-7　喬米尼試驗的硬化能曲線圖

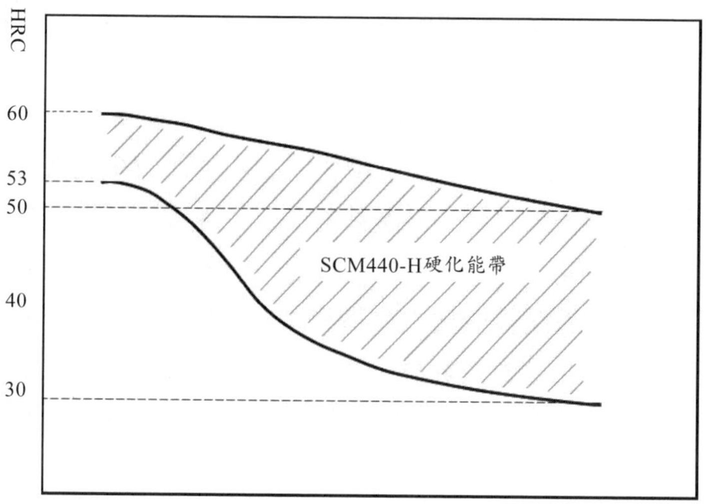

圖2-8　硬化能保證鋼SCM 440-H硬化能帶曲線圖

76.(4) 鋼料實施喬米尼（Jominy）端面淬火試驗的目的，是為測試該材料的：①硬度②延展性③強度④硬化能。

77.(2) 喬米尼（Jominy）端面淬火硬化能曲線圖，其縱座標為：①強度②硬度③韌性④延伸率。

78.(2) 喬米尼（Jominy）端面淬火硬化能用 J_{10} = HRC40 表示，其中 10 代表：①硬度為 10 ②離端面 10mm ③直徑為 10mm ④離噴水高度為 10mm。

79.(4) 下列因素何者與鋼之硬化能無關：①化學成份②沃斯田體晶粒大小③鋼原組織④鋼材原硬度。

80.(1) 喬米尼（Jominy）端面淬火時，噴水的自由高度為：① 65±10mm ② 75±10mm ③ 85±10mm ④ 95±10mm。

81.(3) 下列有關麻田散體特性之敘述何者錯誤：①硬度高②脆性大③結晶構造為面心立方格子④殘留應力高。

82.(1) 共析鋼加熱至 A_1 上方 50°C 會形成何種組織：①沃斯田體②沃斯田體 + 肥粒體③肥粒體 + 雪明碳體④雪明碳體。

83.(4) 碳鋼淬火是爲了得到何種組織：①肥粒體②波來體③沃斯田體④麻田散體。

84.(1) 含碳量在 0.77% 的碳鋼，待冷至常溫時，其組織爲：①全部成爲波來體②全部爲麻田散體③波來體與雪明碳體④波來體與麻田散體。

85.(1) 雪明碳體 Fe_3C 失去磁性的變態點稱為：① A_0 ② A_1 ③ A_2 ④ A_3 變態點。

86.(2) 碳鋼之 T.T.T. 圖又可稱作：① P 曲線② S 曲線③ N 曲線④ M 曲線圖。

87.(4) 鋅、鎂、鈦之晶體組織爲六方稠密（H.C.P.），其單位晶體格子之原子數目爲：① 1 ② 2 ③ 4 ④ 6 個。

88.(3) 過共析鋼之淬火處理須將溫度加熱到：① A_{cm} ② A_{c3} ③ A_{c1} ④ A_2 上方 30 ～ 50°C。

CHAPTER 2

2.2 工作項目 02：基本的熱處理方法

1. (1) 把鋼料加熱到適當的溫度，保持適當的時間後，使它慢慢冷卻的操作稱爲：①退火②淬火③回火④正常化。

2. (4) 下列何者不是退火的目的：①使組織均勻化②改善切削性③消除應力④提高強度。

3. (3) 亞共析鋼完全退火的溫度應在何種變態點的稍上方：① A_1 ② A_2 ③ A_3 ④ A_{cm}。

- 退火：爐冷（慢慢冷卻）；加熱至 A_3（亞共析鋼）或 A_1（過共析鋼）上方 30 ～ 50℃，保持適當時間，可獲粗波來體組織。
- 正常化：空冷；加熱至 A_3（亞共析鋼）或 A_{cm}（過共析鋼）上方 50 ～ 70℃，保持適當時間，可獲細波來體結構。
- 淬火：放置入水或油中急速冷卻；加熱至 A_3（亞共析鋼）或 A_1（過共析鋼）上方 30 ～ 50℃，保持適當時間，可獲麻田散體結構。
- 請參閱圖 2-9 ～ 2-11 加熱溫度範圍示意圖。

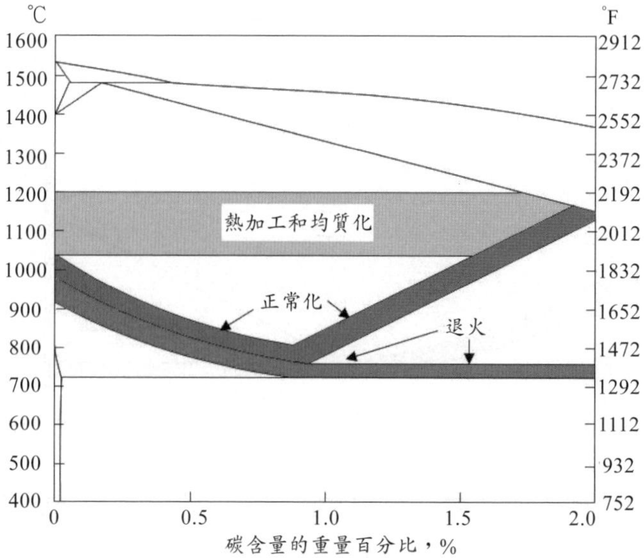

圖2-9　Fe-C平衡相圖的部分相圖，顯示完全退火、正常化、熱加工和均質化的加熱溫度範圍

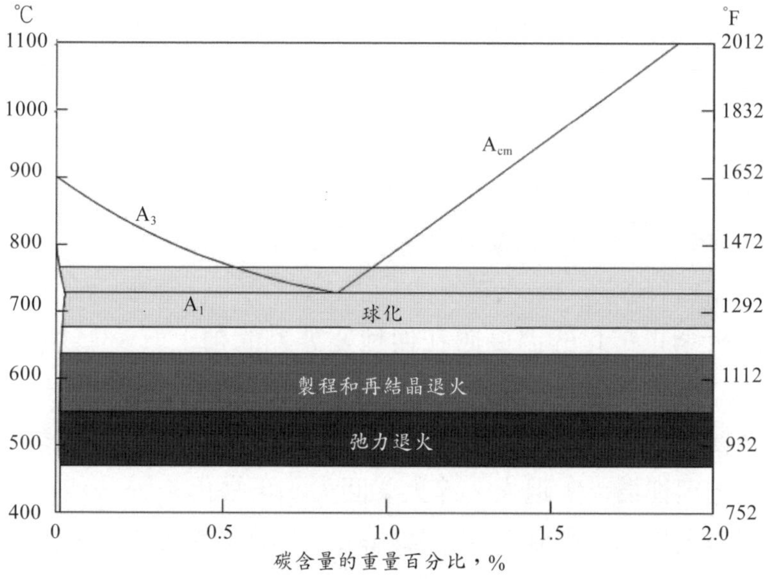

圖2-10　Fe-C平衡相圖的部分相圖，顯示製程退火、再結晶退火、弛力退火和球化處理的加熱溫度範圍

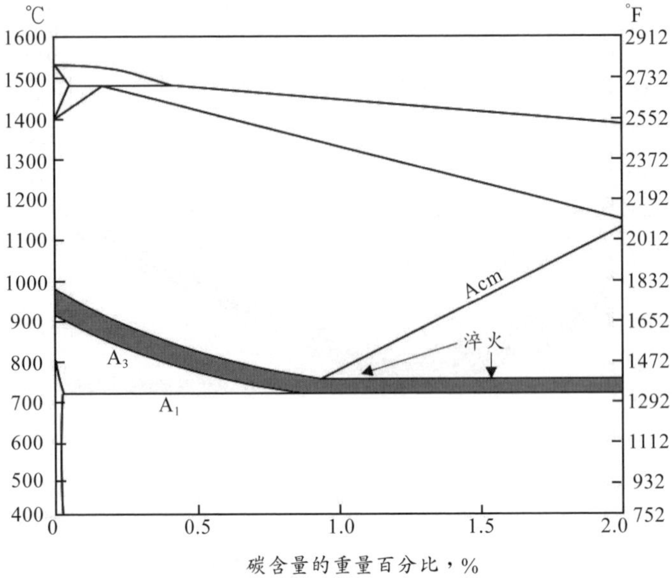

圖2-11　Fe-C平衡相圖的部分相圖，顯示淬火處理（沃斯田體化溫度）的加熱溫度範圍

4. (1) 過共析鋼完全退火的溫度，應在何種變態點的稍上方：① A_1 ② A ③ A_3 ④ A_{cm}。

5. (3) 將鋼料加熱到適當的溫度使變為均勻的沃斯田體後，在空氣中冷卻的操作稱為：①退火②淬火③正常化④回火。

6. (3) 亞共析鋼正常化的溫度應在何種變態點的稍上方：① A_1 ② A_2 ③ A ④ A_{cm}。

7. (4) 過共析鋼正常化的溫度應在何種變態點的稍上方：① A_1 ② A_2 ③ A ④ A_{cm}。

8. (2) 把鋼料加熱至沃斯田體化溫度後，急速冷卻而得到高硬度的組織，此種熱處理稱為：①退火②淬火③回火④正常化。

9. (4) 碳鋼淬火是為了得到下列何種組織：①肥粒體②波來體③沃斯田體④麻田散體。

10.(3) 亞共析鋼實施淬火時，應加熱至何種變態點的稍上方：① A_1 ② A

③ A_3 ④ A_{cm}

11.(1) 過共析鋼實施淬火時，應加熱至何種變態點的稍上方：① A_1 ② A_2 ③ A_3 ④ A_{cm}

12.(2) 把淬火後的鋼料加熱到適當的溫度，以調節其硬度而得到適當的強韌性，此種處理稱爲：①退火②回火③正常化④均質化。

- 回火：將淬火試片再加熱以調節材料特性。
- 低溫回火通常在 150℃～ 200℃以獲得較高的硬度爲目的。
- 高溫回火通常在 500℃～ 650℃以獲得較佳的韌性爲目的。
- 回火熱處理的加熱溫度範圍應不超過 A_1 溫度爲原則，且應避開回火脆化溫度範圍。

13.(1) 鋼料回火的溫度最高可高至何種變態點的稍下方：① A_1 ② A_2 ③ A_3 ④ A_{cm}。

14.(4) 下列何種熱處理最容易使工件發生變形：①退火②正常化③回火④淬火。

- 淬火急速冷卻容易使工件產生變形與淬裂。

15.(4) 碳鋼的含碳量達到約：① 0.02% ② 0.2% ③ 0.4% ④ 0.6% 以上後，提高含碳量淬火硬度不再有顯著增加。

- 淬火後產生的麻田散體爲過飽和固溶體，只能溶入約 0.6% 碳，因此含碳量超過 0.6% 以上，淬火硬度不會再有顯著的增加。

16.(1) 含碳量 0.25% 以下的機械構造用鋼最常實施的熱處理是：①正常化②淬火、回火③球化退火④高週波熱處理。

17.(3) 機械構造用碳鋼正常化後的組織爲：①波來體②肥粒體③波來體 +

CHAPTER 2

肥粒體④波來體＋雪明碳體。

- 0.3% C 以下多實施正常化；0.6% C 以上多實施球化處理；介於兩者之間則可施以退火、淬火及回火等熱處理。
- 機械構造用碳鋼屬低碳鋼，由平衡相圖可知正常化後會得到初析肥粒體＋波來體的組織。

18.(2) 碳鋼實施水淬火時，必須注意水溫不可超過：① 15℃② 30℃③ 50℃④ 70℃。

- 淬火用的水溫度不宜超過 30℃。
- 淬火用的油溫度則應加熱至 60 ～ 80℃之間為宜。

19.(2) 機械構造用碳鋼的正常化溫度，隨含碳量的增加而：①升高②降低③先降後升④維持不變。

20.(4) 不影響碳鋼淬火硬化深度的因素為：①淬火溫度②保溫時間③晶粒大小④夾雜物含量。

21.(1) 為了改善過共析鋼的切削性及塑性加工性，應實施：①球化處理②正常化處理③完全退火④應力消除退火。

22.(4) 機械構造用鋼最常用的高溫回火溫度應為：① 100 ～ 200℃② 250 ～ 350℃③ 400 ～ 500℃④ 550 ～ 650℃。

23.(3) 機械構造用鋼實施正常化時的冷卻方法為：①水冷②油冷③空冷或風冷④爐冷。

24.(4) 鋼料退火時，採用保護爐氣的目的是：①促進鋼料軟化②防止晶粒生長③消除殘留應力④防止氧化、脫碳。

25.(1) 機械構造用碳鋼實施球化退火時的最高加熱溫度為：① A_1 + 30℃② A_2 + 30℃③ A_3 + 30℃④ A_{cm} + 30℃。

26.(1) 下列何者不是回火的目的：①降低強度②消除內應力③提高韌性④使

組織安定化。

• 部分高合金鋼可利用回火產生二次析出硬化的效果，故回火不一定僅會降低強度，有時亦會提高強度。

27.(3) 機械構造用合金鋼使用前需要實施何種熱處理：①退火②正常化③淬火 + 高溫回火④淬火 + 低溫回火

28.(1) 碳工具鋼的淬火溫度爲：① 760 ～ 820℃② 820 ～ 870℃③ 850 ～ 910℃④ 950 ～ 1000℃

• 碳工具鋼屬過共析鋼材質，淬火溫度爲 A_1 加 30 ～ 50℃左右。

29.(1) 碳工具鋼的回火溫度爲：① 150 ～ 200℃② 200 ～ 350℃③ 350 ～ 500℃④ 500 ～ 650℃

30.(2) 合金鋼實施回火時，發生低溫回火脆性的溫度是在：① 150℃② 300℃③ 550℃④ 650℃附近。

• **碳工具鋼之熱處理：**

(1) 碳工具鋼的種類：SK1（1.3 ～ 1.5% C）、SK2（1.1 ～ 1.2% C）、SK5（0.8 ～ 0.9% C）、SK7（0.6 ～ 0.7% C）等等。

(2) 淬火溫度爲 A_1 加 30 ～ 50℃左右，約在 760 ～ 820℃左右。

(3) 淬火後多使用低溫回火爲主（150 ～ 200℃之間；增強硬度用），如果使用高溫回火，則強度與硬度將大幅滑落，故不採用。

(4) **其他合金鋼大多使用高溫回火（500 ～ 650℃增加韌性），因有添加合金元素，回火軟化現象不會像碳工具鋼一樣明顯，甚至可產生二次析出硬化效果。**

31.(4) 高碳合金工具鋼淬火、回火後的組織爲：①沃斯田體②波來體③回火麻田散體④回火麻田散體 + 碳化物。

32.(4) 下列合金元素中，何者對於增加鋼料的硬化能最爲有效：① Ni ② W ③ V ④ Cr。

- 高碳工具鋼，如 SKD11 因含有超過 1.3% 的碳，淬火組織爲碳化物及麻田散體；回火組織爲碳化物及回火麻田散體。
- 硬化能效果：Mn > Mo > Cr > Ni。

33.(1) 合金構造用鋼的合金元素中，何者係爲增加鋼的強韌性最有效的元素：① Ni ② W ③ Mo ④ Si。

- 一般鋸條或鋸帶需提昇強韌性，多使用 Ni 鋼爲多，如 SKS5 鋼材。

34.(3) 碳工具鋼球化退火後的組織爲：①沃斯田體 + Fe_3C ②麻田散體 + Fe_3C ③肥粒體 + Fe_3C ④波來體 + Fe_3C。

- 球化退火通常在 750℃左右長時間加熱，處理後組織爲球狀 Fe_3C 顆粒散佈於肥粒體基地中。

35.(3) 用於製造銼刀的主要合金工具鋼爲：① Ni 鋼② V 鋼③ Cr 鋼④ W 鋼。

- 銼刀材料常用高碳鋼或如 SKS8 含鉻之工具鋼

36.(2) 耐衝擊合金工具中，添加 V 的主要目的是：①增加硬化能②微細化晶粒③增加耐磨性④防止回火脆性。

- 添加 V →晶粒細化。
- 添加 Mo →防止高溫回火淬性。
- 添加 Cr →提昇耐磨耗性。

37.(1) 用於製造帶鋸的主要合金鋼為：① Ni 鋼② V 鋼③ Cr 鋼④ W 鋼。

38.(3) 耐衝擊合金工具鋼實施淬火、回火後的硬度應為：① HRC30 左右② HRC40 左右③ HRC50 左右④ HRC60 左右。

- 耐衝擊合金需兼具強度與韌性，硬度約在 HRC50 ～ HRC54 之間。
- 耐磨耗合金需兼具表面硬度，最好在 HRC60 以上。

39.(1) 耐磨高合金工具鋼不實施下列何種熱處理：①正常化②球化退火③恒溫退火④淬火、回火。【具自硬性】

- 高合金鋼之 S 曲線大幅往右偏移，即使空冷亦可得麻田散體而硬化，又稱風硬鋼。

40.(4) 耐磨合金工具鋼實施淬火、回火後的硬度應在：① HRC45 ② HRC50 ③ HRC55 ④ HRC60 左右。

41.(2) 合金工具鋼實施回火後的冷卻方法多為：①爐冷②空冷③油冷④水冷。

42.(1) 熱加工用合金工具鋼的淬火溫度為：① 1000 ～ 1100℃② 900 ～ 1000℃③ 850 ～ 950℃④ 800 ～ 850℃。

- 工具鋼淬火溫度約 1000℃～ 1100℃。
- 不銹鋼淬火溫度約 1000℃～ 1100℃。
- 高速鋼淬火溫度約 1200℃～ 1250℃。

CHAPTER 2

43.(4) 需要實施多次回火的鋼料為：①高碳鋼②彈簧鋼③易切鋼④高速鋼。

- 高速鋼實施多次回火，可穩定殘留沃斯田體組織，並產生二次析出硬化效果。

44.(1) 高速鋼熱處理時，升溫速率需緩慢是由於：①導熱度差②硬化能大③熱膨脹係數大③比熱大。

- 高速鋼含大量合金元素，熱傳導性差，需 2 至 3 階段預熱，淬火溫度達 1200℃。

45.(3) 下列何種鋼料的淬火溫度最高：①高碳工具鋼②軸承鋼③高速鋼④構造鋼。

46.(2) 高速鋼的高溫回火硬度高，主要原因是：①含碳量高②回火二次硬化③殘留沃斯田體少④碳化物粗大。

47.(2) 高速鋼的回火溫度應在：① 650℃② 550℃③ 450℃④ 350℃附近。

48.(1) 彈簧鋼主要添加的合金元素是：① Si ② Co ③ W ④ Mo。

- SUP 彈簧鋼加 Si 為主；加工成形後常施以低溫發藍處理以安定其組織，提升彈性能。

49.(4) 軸承鋼除 C 之外，主要的合金元素為：① W ② Ni ③ V ④ Cr。

- 軸承鋼常添加 Cr 元素，如 SUJ2 鋼，一般低溫回火後硬度會稍降 HRC1 ～ 2，但仍可達 HRC62。

50.(1) 軸承鋼回火後的硬度會比淬火硬度低約：① HRC1 ～ 2 ② HRC5 ～ 1③ HRC10 ～ 15 ④ HRC15 ～ 20。

51.(4) 軸承鋼淬火、回火後的硬度應在：① HRC40 左右② HRC50 左右 ③ HRC55 左右④ HRC60 以上。

52.(3) 鋁合金實施固溶處理後急冷的目的是：①增加硬度②微化晶粒③得到過飽和固溶體④得到麻田散體。

53.(3) 在時效溫度下實施鋁合金的析出硬化處理時，其硬度隨處理時間的增長而：①升高②降低③先升後降④先降後升。

- 硬度升到最大值後即下降，稱爲過時效現象。

54.(2) 要增加鈹銅之強度最有效的方法爲：①冷加工②析出硬化處理③麻田散體變態④微化晶粒。

- 鈹銅爲少數可熱處理產生析出硬化效果之銅合金，通常在 350℃左右時效，爲商用銅合金中硬度最高之銅合金。

55.(1) 下列何種氣體對鋼料沒有氧化性：① CO ② CO_2 ③ H_2O ④ O_2。

- 氧化性氣體：H_2O、O_2、CO_2。
- 還原性氣體：CO。
- 非氧化但會脫碳氣體：H_2。

56.(4) 下列何種氣體對鋼料不具有氧化性，但有脫碳性：① CO ② CO_2 ③ H_2O ④ H_2

57.(2) 下列何種氣體是工業上常用來避免鋼料氧化、脫碳的中性氣體：① CH_4 ② N_2 ③ H_2 ④ He。

58.(2) 吸熱型氣體中，主要的滲碳成份爲：① CH_4 ② CO ③ CO_2 ④ C_3H_8。

59.(4) 鋼料實施滲碳表面硬化處理後，其表面硬度約爲：① HV500 ② HV1200 ③ HV1000 ④ HV800。

CHAPTER 2

- 滲碳表面硬度可達 HV800 左右。
- 氮化表面硬度可達 HV1100 左右。

60.(3) 滲碳深度欲增為 2 倍，滲碳時間應增為：①1 倍②2 倍③4 倍④8 倍。

- 依擴散原理，滲碳深度與時間的平方成正比。例如欲增為 3 倍，則滲碳時間增為 3 的平方 = 9 倍。

61.(3) 鋼料實施滲碳處理後，表面最理想的含碳量應為：① 1.2% ② 1.0% ③ 0.8% ④ 0.4%。

- 約為共析鋼之碳含量，以得最高硬度同時可避免脆性網狀雪明碳體產生。

62.(4) 工業上常用的滲氮性氣體為：① N_2 ② NH_4Cl ③ NO_2 ④ NH_3。

63.(3) 工業上常用露點表示控制爐氣中那一種成份的含量：① O_2 ② CO_2 ③ H_2O ④ H_2。

64.(1) 爐氣的露點愈高，表示爐氣的：①碳勢愈低② H 含量愈高③溫度愈高④壓力愈大。

- 露點高→水分高→碳勢低。

65.(3) 氣體滲碳的溫度多為：① 750 ～ 800℃② 800 ～ 850℃③ 900 ～ 950℃ ④ 950 ～ 1000℃。

- 滲碳通常為中、低碳鋼，加熱至 A_3 溫度以上沃斯田體相區作滲碳處理，約 900 ～ 950℃。

66.(4) 碳鋼滲碳後如需實施兩次淬火，第一次淬火的目的是：①硬化表層②表層組織微細化③硬化心部④心部組織微細化。

67.(2) 實施固體滲碳時之促進劑，可添加適量：① $BaCl_2$ ② $BaCO_3$ ③ NaCl ④ $NaNO_3$。

68.(1) 鋼料實施氣體滲氮的溫度為：① 500 ～ 550℃② 600 ～ 700℃③ 800 ～ 850℃④ 900 ～ 950℃。

- 氣體滲氮溫度約 520℃～ 540℃。
- 離子氮化溫度約 580℃～ 600℃。
- 軟氮化溫度可達 700℃。

69.(3) 滲氮用鋼最有效的合金元素為：① Si、Mn、Ni ② Ni、Cr、W ③ Al、Cr、Mo ④ Cr、W、V。

- 最具代表性的滲氮用鋼為 SACM645，「A」為 Al；「C」為 Cr；「M」為 Mo，含碳量約為 0.45% C。

70.(4) 滲氮用鋼實施滲氮處理後，表面硬度最高約為：① HV600 ～ 700 ② HV700 ～ 800 ③ HV800 ～ 900 ④ HV900 ～ 1100。

71.(2) 鋼料經滲氮表面硬化處理後，不軟化的溫度極限是：① 300℃ ② 500℃③ 600℃④ 700℃。

- 滲氮層比滲碳層耐高溫，可達 500℃左右。

72.(1) 高週波熱處理的目的是：①硬化表面②硬化心部③微化晶粒④組織安定化。

73.(3) 高週波熱處理用鋼的含碳量宜為：① 0.2% 以下② 0.2 ～ 0.3% ③ 0.35 ～ 0.55% ④ 0.8 ～ 1.2%。

CHAPTER 2

- 高週波硬化以中碳含量鋼材為主要對象。

74.(4) 下列何種熱處理所需時間最短：①球化處理②滲碳處理③滲氮處理④高週波熱處理。

75.(2) 高週波熱處理能有效改善鋼料的：①耐蝕性②耐疲勞性③耐熱性④耐氧化性。

- 提高鋼材的表面硬度，可改善鋼材的耐疲勞性。

76.(1) 對同一種鋼料而言，火焰硬化熱處理的淬火溫度應較一般淬火溫度：①高②低③相同④視含碳量而定。

- 因加熱速度快，需比一般淬火溫度高約50℃左右。

77.(3) 低溫用中性鹽浴的主要成份為：①氯化鹽②碳酸鹽③硝酸鹽④氰化鹽。

78.(3) 下列何種鹽的熔點最高：① $NaNO_3$ ② KNO_3 ③ $BaCl_2$ ④ NaCl。

- 低溫鹽：硝酸鹽及亞硝酸鹽，500℃以下。
- 中溫鹽：氯化鈉、氯化鈣及碳酸鈣的混合，500～1000℃。
- 高溫鹽：氯化鋇為主，1000～1350℃。

79.(2) 高速鋼淬火加熱用鹽浴的主要成份為：① Na_2CO_3 ② $BaCl_2$ ③ NaCN ④ $NaNO_3$。

80.(1) 影響滲碳用鹽浴之滲碳能力的關鍵成份為：① NaCN ② Na_2CO_3 ③ $BaCO_3$ ④ NaCl。

- 氣體滲碳使用CO氣體；鹽浴滲碳則使用氰化物 CN^- 離子，具劇毒。

CHAPTER 2

81.(2) 鹽浴的成份中，何者的毒性最強：① $NaNO_2$ ② $NaCN$ ③ Na_2CO_3 ④ $BaCl_2$。

82.(4) 構造用合金鋼淬火用鹽的主要成份爲：①亞硝酸鹽②硝酸鹽③碳酸鹽④氯化鹽。

• 約 800℃～ 900℃用氯化鈉及碳酸鈉等中溫鹽。

83.(1) 工件放入鹽浴之前必需徹底乾燥，最主要原因是：①確保人員安全②避免鹽浴劣化③避免工件腐蝕④減少工件變形。

• 工件若含水分則易產生爆炸與鹽浴噴濺之危險。

84.(3) 鋁合金固溶處理的溫度爲：① 100 ～ 200℃② 300 ～ 450℃③ 450 ～ 550℃④ 600 ～ 650℃。

85.(4) 鋁合金實施固溶處理保溫後，應以何種冷卻方式冷至室溫：①爐冷②空冷③油冷④水冷。

86.(3) AA6000 系鋁合金主要的強化方法爲：①固溶強化②微化晶粒③析出硬化④加工硬化。

• 鋁合金經固溶處理、水淬再施以時效處理後，可產生析出硬化之功效，包括 2000 系、6000 系及 7000 系均可熱處理。

87.(3) 鋼料的滲碳溫度應在：① A_1 ② A_2 ③ A_3 ④ A_{cm} 變態點的上方。

88.(1) 鋼料在滲碳溫度的組織應爲①沃斯田體②肥粒體③波來體④變韌體。

89.(2) 在控制爐氣中，何種成份最具有爆炸的危險性：① CO_2 ② H_2 ③ CO ④ CH_4。

90.(2) 在控制爐氣中，何種成份具有毒性：① CO_2 ② CO ③ CH_4 ④ H_2。

91.(1) 在控制爐氣中，下列何種成份對鋼料具有氧化性：① CO_2 ② CO

③ CH_4 ④ H_2。

92.(1) 下列那一種滲碳方法最不容易控制鋼料表面含碳量：①固體滲碳②液體滲碳③氣體滲碳④眞空滲碳。

93.(2) 鋼料實施高週波熱處理之前最好先實施：①退火②淬火、回火③球化處理④滲氮處理。

• 在實施滲碳、氮化、高週波表面硬化之前，鋼料宜先經調質處理（即淬火與回火），以降低基地與硬化層間的硬度差異。

94.(1) 高週波的週波數愈高，則鋼料熱處理後：①硬化深度愈淺②硬化深度愈深③表面硬度愈高④表面硬度愈低。

• 週波數愈高，電流愈集中於表面，硬化深度愈淺，此稱爲表皮效應。

95.(4) 高速鋼淬火溫度高的主要原因是：①熔點高②含碳量高③麻田散體的變態點高④爲了固溶足夠的合金碳化物。

96.(1) 鋼料滲碳後如需經二次淬火，第二次淬火的目的在於：①韌化表層②軟化表層③硬化心部④韌化心部。

97.(2) 鋼料實施滲氮之前應先實施：①正常化②淬火、回火③退火④球化處理。

98.(4) 高速鋼回火時，合金碳化物在：① 200℃② 300℃③ 400℃④ 500℃附近造成顯著的二次硬化現象。

99.(2) 共析鋼淬火時，若在臨界區域冷速慢，則先會生成何種組織：①沃斯田體②波來體③雪明碳體④麻田散體。

100.(1) 工件退火後發現硬度偏高時，其補救辦法是：①調整加熱和冷卻參數，重新實施退火②實施正常化③實施回火④實施淬火。

101.(2) NaCl 或 NaOH 水溶液作爲淬火液時，常用的濃度爲：① 3 ～ 5%

②5～15%③15～30%④30～40%。

- 一般淬火液可添加約 10% 的 NaCl 或 NaOH。

102.(3) 工件退火後硬度偏高的原因，可能是由於：①保溫時間過長②加熱溫度高③冷卻過快④工件尺寸過大所造成。

103.(3) 爲了微化晶粒、改善切削性，常對低碳鋼實施的熱處理是：①完全退火②球化退火③正常化④淬火、回火。

- 低碳鋼的淬火性不佳，故常對低碳鋼實施正常化處理。

104.(2) 爲了使碳原子容易滲入鋼中，必須使鋼處於何種組織的狀態：①麻田散體②沃斯田體③肥粒體④波來體。

105.(2) 鋼料氣體滲氮後，表面的正常顏色爲：①藍色②銀白色③黃色④黑色。

106.(3) 螺旋彈簧在加熱時，爲防止其變形，正確的放置方法是：①垂直放置②垂直吊掛③水平放置④傾斜堆放。

107.(4) 鋼料的耐磨性係決定於：①鋼料的含碳量②鋼中麻田散體的含量③鋼料的淬火硬度④鋼料回火後的硬度及碳化物的分布情形。

108.(4) 氣體滲氮時，所謂氨分解率是指：① N_2 和 H_2 混合氣體佔通入 NH_3 體積的百分比② N_2 佔通入 NH_3 體積的百分比③ H_2 佔通入 NH_3 體積的百分比④ N_2 和 H_2 混合氣體佔爐中氣體總體積的百分比。

- 氨氣會分解成 $H_2 + N_2$ 氣體，氨分解率即爲 $H_2 + N_2$ 混合氣體體積佔爐中全部氣體總體積的百分比。

109.(3) 合金元素 Cr、Mn、Mo 在合金工具鋼的主要作用是：①微化晶粒②防止回火脆性③減少質量效應④改善加工性。

- 改善淬火性→提升硬化能→減少質量效率。

110. (1)碳工具鋼在受熱的情況下能維持高硬度的溫度最高為：① 200℃ ② 300℃③ 400℃④ 500℃。
111. (3)高週波淬火的加熱溫度與普通淬火的加熱溫度相比是：①相同②較低③較高④無關。
112. (1)鋼料應從何種組織實施淬火：①沃斯田體②麻田散體③肥粒體④波來體。
113. (2)鋼料應從何種組織實施回火：①波來體②淬火麻田散體③肥粒體④雪明碳體。
114. (2)淬火冷卻速率應在：①臨界區域快、危險區域也要快②臨界區域快、危險區域慢③臨界區域慢、危險區域快④臨界區域慢、危險區域也要慢。

- 臨界區域（靠近 S 曲線波來體鼻端）冷卻速度要快，避免形成波來體。
- 危險區域（靠近 Ms 溫度）冷卻速度要慢，避免工件淬裂及變形。

115. (2)耐磨合金工具鋼實施回火的最佳時機為：①實施淬火前②淬火冷卻至室溫前③淬火冷至室溫後④淬火放置一天後。
116. (1)下列那一種表面硬化處理的加熱溫度最低：①滲氮②滲碳③高週波熱處理④火焰硬化熱處理。
117. (1)下列那一種表面硬化處理所需的時間最長：①氣體滲氮②氣體滲碳③高週波熱處理④火焰硬化熱處理。

- 氣體滲氮時間最長，可達 40 小時以上；高週波及火焰硬化時間最短，可短至數分鐘以內。

CHAPTER 2

118. (1) 下列那一種表面硬化處理所能達到的硬度最高：①氣體滲氮②氣體滲碳③高週波熱處理④火焰硬化熱處理。

119. (3) 鋼料滲碳後的有效硬化深度是指硬度在：① HV300 ② HV400 ③ HV550 ④ HV700 以上的硬化層厚度。

- 一般中碳鋼淬火回火後硬度可達 HRC50 或 HV550 左右。

120. (4) 鋼料氣體滲碳之後通常要實施擴散處理，下列何者不是擴散處理的目的：①降低表面含碳量②降低表層碳濃度梯度③增加滲碳層的厚度④降低表面硬度。

121. (2) 鋼實施淬火，下列何者資料最有用：① T.T.T. 曲線圖② C.C.T. 曲線圖③硬化能曲線④冷卻曲線圖。

- 實施淬火可參閱 C.C.T. 曲線；恆溫熱處理或沃斯回火則參閱 T.T.T. 曲線。

122. (2) 深冷處理的時機爲：①正常化之後②淬火後，回火之前③退火後④球化後。

123. (2) 鋼如果發生偏析，應採用哪一種熱處理法消除之：①弛力退火②均質化退火③滲碳④回火。

124. (2) 良好的淬火液應具有何種特性：①比熱小②導熱度大③黏度大④揮發性大。

125. (2) 要使鋁合金強度增加的方法中，除了用加工硬化法外，另一種常用的方法是：①淬火硬化②析出硬化③麻田散鐵硬化④回火硬化。

126. (1) 碳鋼的質量效應比合金鋼：①大②小③相等④不一定。

127. (3) 碳鋼件之製程退火係消除常溫加工所產生之加工硬化，並使材料軟化，其加熱溫度爲：① 400 ～ 500℃② 500 ～ 600℃③ 600 ～ 700℃④ 700 ～ 800℃　後爐中冷卻。

128.(4)滲碳深度欲增加 3 倍，則滲碳時間應增加到：① 3 倍② 5 倍③ 7 倍④ 9 倍。

129.(4)高溫鹽浴爐之熱處理溫度範圍爲：① 700 ～ 800℃② 800 ～ 900℃③ 900 ～ 1000℃④ 1000 ～ 1350℃。

130.(3)眞空爐最大特點是可防止鋼材之氧化及脫碳現象，一般眞空爐之眞空度在：① 10^2 ～ 10^1mmHg ② 10^1 ～ 10^{-2}mmHg ③ 10^{-2} ～ 10^{-5} mmHg ④ 10^{-5} ～ 10^{-7}mmHg。

- 眞空爐之眞空度定義爲 10^{-2} ～ 10^{-5}torr（或 mmHg）。
- 1 mmHg = 1 torr；1 大氣壓 760 mmHg = 760 torr。

2.3 工作項目 03：加熱及冷卻裝置的種類、構造

1. (2) 用於電爐之電阻式鎳鉻發熱體之最高使用溫度爲：① 800℃② 1100℃③ 1400℃④ 1600℃。

- Ni-Cr 發熱體的溫度可達 1100 ～ 1200℃。
- SiC（俗稱碳棒）發熱體溫度可達 1400 ～ 1600℃。

2. (3) 碳化矽（SiC）加熱體之最高加熱溫度爲：① 800 ℃ ② 1100 ℃③ 1600℃④ 2000℃。
3. (2) 重油爐或輕油爐不具有以下那種特性：①排氣之污染性大②燃料昂貴③噪音大④燃燒時之氣流有助於溫度之均勻性。
4. (4) 滲碳鹽浴所用之鹽類爲：①氯鹽②碳酸鹽③硝酸鹽④氰化鹽。
5. (1) 防止淬火加熱用鹽浴的散熱，可以在鹽浴表面敷蓋一層：①石墨粉②氧化鋁粉③氧化鎂粉④氧化鐵粉。

• 敷蓋一層石墨粉，可兼具保溫及減緩脫碳之功效。

6. (3) 插入鹽浴中之熱電偶測溫棒最容易腐蝕的地方為：①鹽浴中溫度高的地方②熱電偶尖端③鹽浴表面與空氣交界處④均勻腐蝕。
7. (4) 電極式鹽浴爐之鹽浴容器為：①耐熱鋼製坩堝②不銹鋼製坩堝③滲鋁軟鋼坩堝④耐火材料砌成之內壁。
8. (3) 真空爐在 1000℃左右之高溫，其熱傳主要來自：①對流②傳導③輻射④真空。
9. (3) 真空爐一般之真空度約在：① 100 ～ 200mmHg ② 10 ～ 100mmHg ③ 10^{-2} ～ 10^{-5}mmHg ④ 10^{-6} ～ 10^{-9}mmHg。
10. (4) 露點檢測係用於檢驗爐氣中之：① CO_2 ② CO ③ H_2 ④ H_2O。
11. (1) 吸熱型爐氣之原料氣體為：①空氣與丙烷②空氣與氨氣③丁烷與氮氣④丙烷與氮氣。

• 爐氣反應：$C_3H_8 + 3/2O_2 + 1.88\times 3N_2 \rightarrow 3CO + 4H_2 + 1.88\times 3N_2$

12. (3) 二氧化碳（CO_2）在高溫時為一種：①滲碳性氣體②還原性氣體③脫碳性氣體④惰性氣體。
13. (1) 流體床爐加熱工件是藉由：①攪動之懸浮耐火氧化物顆粒②流動的鹽浴③加壓流動的氣體④流動的金屬浴。
14. (1) 最常用於流體床之熱傳介質（浮懸顆粒）為：① Al_2O_3 ② Fe_2O_3 ③碳粉④硝酸鹽。
15. (2) 高週波加熱裝置之週波頻率愈低：①硬化層愈淺②硬化層愈深③週波頻率與硬化深度無關④設備之功率愈小。
16. (3) 火焰硬化為有效防止鋼的脫碳最好採用：①滲碳焰②氧化焰③中性而稍帶還原焰④中性稍帶氧化焰。
17. (4) 以高週波加熱淬火裝置處理工件，使產生 3 ～ 5mm 硬化層，應採用下列何種高週波震盪器較佳：①火花發振式②真空管發振式③馬達發

CHAPTER 2

電機式④閘流體變換器（S.C.R）。

18.(1) 以高週波加熱淬火硬化直徑 30mm 長 300mm 之軸，做軸向全長硬化，其作業方式應採：①迴轉移動淬火法②回轉一次淬火法③不迴轉移動淬火法④靜置一次淬火法。

19.(3) 氧－乙炔焰之最高溫度的地方在：①外焰尖端 3mm 處②外焰尖端 10mm 處③內焰尖端 3mm 處④內焰之中間處。

20.(1) 耐火材料之耐火度代號為：① SK ② KS ③ KD ④ DK。

- 耐火度 SK 越大，軟化溫度越高，耐火性越佳。

21.(2) 氧化鎂（MgO）是屬於：①酸性②鹼性③中性④介於酸性與中性之間　之耐火材料。

- SiO_2 為酸性耐火材；MgO 與 CaO 為鹼性耐火材；Al_2O_3 為中性耐火材。

22.(2) 斷熱耐火磚之熱膨脹係數及熱傳導係數應該：①兩者愈大愈佳②兩者愈小愈佳③前者大後者小④前者小後者大。

23.(1) 杯形工作物淬火時應：①杯口朝上②杯口朝下③杯口朝邊④不拘。

24.(4) 輝面熱處理之坑式爐（Pit Furnace）比多功能型爐（All Case Type Furnace）之輝面度差的最主要原因為坑式爐之：①爐氣均勻性較差②溫度均勻性較差③爐氣較不易控制④淬火時必須把工件吊出而與空氣接觸。

25.(4) 熱電偶之最佳放置位置為：①爐的內部上方②爐的內部下方③爐側④盡量靠近工件放置的位置。

26.(1) 強制空冷裝置較適合：①高速鋼之淬火②構造用合金鋼之淬火③滲碳鋼之淬火④碳工具鋼之淬火。

27.(2) 以下之淬火用水何者之冷卻速率最快：① 5% 食鹽水② 10% 食鹽水

③蒸餾水④去離子水。

- 冷卻速率（冷卻值）：食鹽水 > 水 > 油 > 空氣，請參閱表 2-2。

表 2-2 淬火液的冷卻能 H 值

攪拌程度＼淬火劑	空氣	油	水	食鹽水
靜止	0.02	0.25 ～ 0.30	1.0	2.0
穩穩	—	0.30 ～ 0.35	1.0 ～ 1.1	2.0 ～ 2.2
中程度	—	0.35 ～ 0.40	1.2 ～ 1.3	—
充分	—	0.4 ～ 0.5	1.4 ～ 1.5	—
強力	0.05	0.5 ～ 0.8	1.6 ～ 2.0	—
激烈	—	0.8 ～ 1.1	4.0	5.0

- 水溫不宜超過 25 ～ 30℃。
- 油溫宜加熱至 60 ～ 80℃。

28.(1) 淬火用水之水溫在：① 30℃② 50℃③ 60℃④ 80℃ 時之冷卻能最佳。

29.(3) 用於淬火之自來水最好不使用新水的原因爲：①沉澱水中雜質②使溫度均勻③減低水中含氣量④使水溫盡量與室溫相同。

30.(4) 麻淬火主要目的爲：①慢速通過 Bs 點②慢速通過 Ps 點③快速通過 Ms 點④慢速通過 Ms 點。

31.(1) 提高淬火油溫至 60 ～ 80℃之間，可以：①增加淬火油之冷卻能②減小淬火油之冷卻能③增加淬火油之粘度④提高工件之質量效果。

32.(1) 質量效果大的鋼（如中碳鋼）應選擇之淬火液爲：①常溫之水或鹽水② 60 ～ 80℃淬火油③ 100 ～ 120℃淬火油④ 200℃之熱浴。

33.(3) 高分子淬火液之添加高分子於水中之目的爲：①提高水在 Ps 點附近之冷卻速率②提高水在 Ms 點附近之冷卻速率③減緩水在 Ms 點附近

之冷卻速率④使泡沫崩潰時間提前發生。

34.(1) 淬火油氧化會造成：①粘度提高②粘度降低③冷卻能增加④比重降低。

35.(2) 三種淬火液為 30℃油、80℃油、80℃水，以其冷卻能大小依序為：① 30℃油 >80℃油 >80℃水② 80℃油 >30℃油 >80℃水③ 80℃水 >80℃油 >30℃油④ 80℃水 >30℃油 >80℃油。

36.(4) 沃斯回火功能最佳之熱浴為：①油②鹽浴③流體床④金屬浴。

37.(2) 淬火用水添加食鹽的目的為：①增加蒸氣膜之穩定性②減小蒸氣膜之穩定性③增加 Ms 點附近之對流④減少 Ms 點附近的對流。

38.(4) 淬火油老化時會：①燃點提高、粘度減小、冷卻能增加②燃點降低、粘度增加、冷卻能增加③燃點降低、粘度減小、冷卻能增加④燃點降低、粘度增加、冷卻能降低。

39.(4) 以氰化鹽浴滲碳後不可直接淬入硝酸鹽浴中之理由為：①易使工件變形②會造成工件之氧化③會造成工件之脫碳④易引起爆炸。

40.(1) 噴射冷卻裝置用於硬化能較差的鋼料淬火，當工件在一密閉室噴以水柱時，工件必須：①旋轉②靜止③上下移動④上下振動。

41.(4) 鹽浴中所使用之鹽浴是高溫鹽浴為：① 250 ～ 600℃② 600 ～ 750℃③ 750 ～ 950℃④ 1000 ～ 1350℃。

42.(4) 鋼料退火時，採用保護爐氣的目的是：①促進鋼料軟化②防止晶粒生長③消除殘留應力④防止氧化、脫碳。

43.(1) 碳鋼實施水淬火處理，為求好效果，水溫不宜超過：① 25℃② 30℃③ 35℃④ 40℃。

44.(3) 將常溫加工後的鋼件加熱到 250 ～ 370℃然後水冷，以去除殘留應力，增加彈性限的處理叫：①麻回火②恆溫回火③發藍處理④球化處理。

2.4 工作項目 04：前處理及後處理方法

1. (2) 洗銅銹最有效的酸是：①鹽酸②硝酸③硫酸④草酸。

- 銅銹或鋁合金表面清洗用硝酸最有效。
- 鐵銹是用 HCl 或 H_2SO_4，加熱至 80 ～ 90℃。

2. (3) 酸鹼性屬於中性之 PH 值爲：① 5 ② 6 ③ 7 ④ 8。
3. (2) 浸漬於 5% 蘇打水，對鋼鐵之表面有：①氧化作用②防止氧化作用③潤滑作用④還原作用。
4. (4) 下列溶液中脫脂性最佳的爲：①柴油②去漬油③蘇打水④三氯乙烷。
5. (1) 構造用鋼淬火－回火後噴鋼珠除去氧化銹皮之外，尚會增加其：①疲勞限②切削性③抗蝕性④延伸性。

- 表面產生壓應力，可提昇鋼材的疲勞性。

6. (3) 熱處理硬化後之模具，表面欲淨化而加噴砂處理，最不損及表面的噴料爲：① 100 網目鋼珠② 80 網目金剛砂③ 100 網目玻璃珠④ 80 網目鋼礫（grid）。

- 不損及表面可使用細的陶瓷砂（玻璃珠）。
- 一般珠擊則使用鋼珠。
- 網目數字越大表示顆粒越細。

7. (4) 適合於高速迴轉葉輪噴擊的噴料爲：①金鋼砂②矽石粉③玻璃珠④鋼珠。
8. (2) 經淬火回火之彈簧鋼片電鍍後再加熱於 180℃之目的爲：①烘乾②除氫③麻田散體安定化④二次硬化。

- 電鍍後必須再施以 180℃～ 200℃烘烤除氫，以避免電鍍層產生白疵或鋼材產生氫脆現象。

9. (2) 熱處理件浸漬於防銹油時，適當浸漬時間是：①浸漬即刻可提出②約 5 分鐘③約 30 分鐘④約 60 分鐘。
10.(2) 洗淨鋁材表面最有效的酸是：①鹽酸②硝酸③硫酸④草酸。
11.(1) 下列何者爲對鋁材腐蝕性最強的化學品：①苛性鈉②鹽酸③硫鹽④鉻酸。
12.(2) 有機溶劑操作的環境最好在：①密閉室內②通風的窗邊③乾燥的地方④溫度較低的地方。
13.(1) 鋼熱處理時淬入水中後，不久發生破裂現象原因是：①收縮不均引起應力而破裂②加熱不夠而破裂③冷卻液黏度大而破裂④冷卻液比熱小而破裂。
14.(4) 鋁合金實施固溶化處理保溫後，應以何種冷卻方式冷至室溫：①爐冷②空冷③油冷④水冷。
15.(3) 常溫加工後黃銅常發生季裂現象（season cracking），防止方法爲：① 150 ～ 200℃② 200 ～ 250℃③ 250 ～ 300℃④ 300 ～ 350℃，實施退火 30 分鐘以除去內部應力。

- 黃銅加工後，易與空氣中的 NH_3 作用而產生粒間腐蝕現象，稱爲「季裂」，可在 250 ～ 300℃實施退火以去除內部應力（弛力退火）。
- 珠擊法可以提高工件疲勞特性，一般使用鋼珠，若不想傷及工件表面，則可使用較細的陶瓷砂礫（例如玻璃砂），網目號碼越大，砂礫越細。

2.5 工作項目 05：金屬材料的種類、成份、性質

1. (2) 純鐵在常溫的結晶構造爲：①面心立方格子②體心立方格子③六方密格子④體心正方格子。
2. (1) 金屬施以外力而變形，外力消除後會恢復原狀則稱爲：①彈性變形②塑性變形③雙晶變形④加工變形。
3. (1) 金屬受塑性變形則：①強度、硬度增大②延展性增大③韌性增大④耐蝕性增大
4. (4) 鑄鐵的含碳量一般爲：① < 0.02% ② 0.02 ～ 0.77% ③ < 2.11% ④ 2.11 ～ 4.5%
5. (4) 鋼鐵五大元素係指：① Mn、W、Ni、Cr、V ② H 、S、N、O 、C ③ P、Si、V、Ni、Cr ④ C、Si、Mn、P、S。
6. (4) 鋼材中容易產生低溫脆性的元素爲：① S ② Mn ③ C ④ P。
7. (2) 鋼材中容易發生熱脆性的元素爲：① C ② S ③ P ④ Mn。
8. (1) 會使鋼生白疵（flake）的元素爲：① H ② N ③ P ④ S。
9. (3) 機械構造用碳鋼 S20C 的含碳量約爲：① 0.002% ② 0.02% ③ 0.2% ④ 2.0%。

• S20C 指含碳量 0.20% 低碳鋼，S45C 指含碳量 0.45% 中碳鋼，依此類推。

10. (1) 可改善鋼的耐磨性之元素爲：① V、Mo、W、Cr 等② Pb、S、Bi 等③ Pb、Ni、S、Mo 等④ Ni、P、Al 等。
11. (2) 可改善鋼的切削性之元素爲：① V、Mo、W、Cr 等② Pb、S、Ca 等③ Cr、Ni、Si、Mo 等④ Cr、Ni、Ca、Mo、W 等。
12. (3) 可改善鋼的耐蝕性之元素爲：① V、Mo、S、Al 等② Pb、S、Ca 等③ Cr、Ni、Cu、Mo 等④ Ca、Si、W 等。

13.(4) 可改善鋼的耐熱性之元素爲：① V、Mo、Cu、Al 等② Pb、S、Ca 等③ Ni、Pb、Mo 等④ Cr、Ni、Mo、W 等。

14.(1) 用以改善鋼之硬化能的元素有：① Mn、Mo、Cr ② Pb、S、Ca ③ Ti、Si、P ④ Co、W、V。

15.(2) 用以改善鋼之低溫脆性的元素爲：① P ② Ni ③ Si ④ W。

16.(3) SCM 記號之鋼，主要合金元素含有：① C、Mn ② C、Mo ③ Cr、Mo ④ Cr、Mn。

- SCM440 爲含 Cr、Mo 且含碳量 0.40% 之合金鋼。
- SNCM439 爲含 Ni、Cr、Mo 且含碳量 0.39% 之合金鋼。

17.(4) 防止高溫回火脆性之元素爲：① Ni ② Cr ③ Mn ④ Mo。

18.(3) 促進鋼之滲碳作用的元素爲：① Co ② B ③ Cr ④ Cu。

19.(1) 提高滲氮層硬度最有效之元素爲：① Al ② Cr ③ Mo ④ Ni。

20.(2) W 系高速鋼之主要合金元素爲：① Ni、Mn、Cr ② W、Cr、V ③ Mo、Si、Cu ④ Si、Mn、Ni。

21.(1) 碳工具鋼之鋼種記號爲：① SK ② SKS ③ SKD ④ SKH。

- SK2 ～ SK7，編號越小，碳含量越高。
- SK2 含碳量 1.1% ～ 1.2%；SK5 含碳量 0.8% ～ 0.9%；SK7 含碳量 0.6% ～ 0.7%。

22.(4) 沃斯田體系不銹鋼之主要合金元素爲：① Si、Mn ② Cu、V ③ W、Co ④ Cr、Ni。

- 最具代表性爲 304 不銹鋼，含 18% Cr 及 8%Ni，又稱 18-8 不銹鋼，無磁性。

23.(1) 400 系不銹鋼主要合金元素爲：① Cr ② Ni ③ Mn ④ Mo。

24.(3) 含 Cr 的不銹鋼對於：①鹽酸（HCl）②硫酸（H_2SO_4）③硝酸（HNO_3）④氟酸（HF），最具耐蝕性。

- 不銹鋼分類：
  (1) 200 及 400 肥粒體型不銹鋼（Cr）。
  (2) 300 沃斯田體型不銹鋼（Ni-Cr 無磁性）。
  (3) 400 麻田散體型不銹鋼（Cr-C 可熱處理）。
  (4) 600 析出硬化型不銹鋼。
- 含 Cr 對耐 HNO_3 最佳；加 Ni 提昇對 H_2SO_4 的抗蝕效果。
- 比重：Au 爲 19.3、Cu 爲 8.9、Fe 爲 7.8、Ti 爲 4.5、Al 爲 2.7、Mg 爲 1.8。

25.(4) Ni-Cr 系不銹鋼固溶處理後的組織爲：①肥粒體②麻田散體③波來體④沃斯田體。

26.(2) 304 不銹鋼中除了 Fe 外：①單含 Cr ②含 Cr、Ni ③含 Cr、Mn ④含 Cr、Mo。

27.(1) 不具磁性的不銹鋼爲：① 300 系② 400 系③ 500 系④ 600 系不銹鋼。

28.(4) 沃斯田體系不銹鋼之固溶溫度爲：① 700 ～ 800℃② 800 ～ 900℃③ 700 ～ 1000℃④ 1000 ～ 1100℃。

29.(2) 鋁的比重約爲鐵的：① 1/2 ② 1/3 ③ 1/4 ④ 1/5。

30.(3) 鑄造用鋁合金的添加元素中，可改善流動性之元素爲：① Cu ② Mg ③ Si ④ Fe。

31.(1) 鋁矽合金的改良處理所添加的元素爲：① Na ② K ③ Mg ④ Mn。

- 鋁合金鑄造時，Si 含量有助於提昇鑄造性，但卻會使晶粒粗大，可添加少量 Na 元素以改善其機械性質。

32.(4) 可改善鋁合金耐熱性的元素爲：① Mg ② Mn ③ Cr ④ Ni。
33.(3) 改善鋁合金耐蝕性最有效的元素爲：① Fe ② Na ③ Mg ④ Ni。

- **鋁合金編號：**
- 10xx：純鋁。
- 20xx：Al-Cu 合金（可熱處理）。
- 30xx：Al-Mn 合金。
- 40xx：Al-Si 合金。
- 50xx：Al-Mg 合金。
- 60xx：Al-Mg-Si 合金（可熱處理）。
- 70xx：Al-Zn-（Mg）合金（可熱處理）。
- 鋁門窗材質多爲 6061 或 6063 鋁材。
- 鋁合金輪圈材質多爲 2024 系列鋁材。

34.(2) AA2000 系鋁合金係指：①純鋁② Al-Cu 系③ Al-Si 系④ Al-Mn 系合金。
35.(4) AA3000 系鋁合金係指：① Al-Cu 系② Al-Si 系③ Al-Mg 系④ Al-Mn 系　合金。
36.(1) AA5000 系鋁合金係指：① Al-Mg 系② Al-Zn 系③ Al-Cu 系④ Al-Si 系　合金。
37.(2) 導電率最好的金屬爲：① Cu ② Ag ③ Au ④ Pt。

- 導電率依序：Ag > Cu > Au > Al。

38.(1) 黃銅是：① Cu-Zn ② Cu-Al ③ Cu-Sn ④ Cu-Mn 合金。
39.(4) Cu-Zn 合金中抗拉強度最大的是：① 10% Zn ② 20% Zn ③ 30% Zn ④ 40% Zn。
40.(3) Cu-Zn 合金中，伸長率最好的是：① 10% Zn ② 20% Zn ③ 30% Zn

④ 40% Zn。

41.(4) 青銅中抗拉強度最大時之 Sn 含量為：① 4% ② 8% ③ 12% ④ 16%。

42.(1) 青銅中伸長率最好時之 Sn 含量為：① 4% ② 8% ③ 12% ④ 16%。

43.(2) 彈簧用磷青銅，經冷加工後施以低溫退火主要目的為提高：①斷面縮率②彈性限③伸長率④抗拉強度。

44.(4) 可改善鋼料因 S 所引起之高溫脆性的元素為：① Cr ② Ni ③ Mo ④ Mn。

- S 元素在高溫會形成 FeS 產生脆性；若添加 Mn 則優先形成 MnS，可避免形成 FeS 產生高溫脆性。

45.(3) 下列鋼種何者不具磁性：①鉻鋼②鉻鉬鋼③高錳鋼④鎳鉻鉬鋼。

46.(1) 塑性加工程度愈高，則金屬的再結晶溫度：①愈低②愈高③不變④與加工程度無關。

47.(3) 構造用合金鋼添加鉬的主要目的是：①提高切削性②防止低溫回火脆性③防止高溫回火脆性④改善延展性。

48.(4) 防止黃銅季裂的方法為：①高溫回火②固溶化處理③淬火④弛力退火。

49.(2) 金屬材料承受拉力作用，當作用力去除後，不產生永久變形的最大應力限界稱為：①比例限②彈性限③降服強度④極限強度。

50.(2) 18-8 不銹鋼的標準成份含鎳為：① 18% ② 8% ③ 0.18% ④ 0.8%。

- 主要成份：18Cr-8Ni；又稱 304 不銹鋼。

51.(2) 下列金屬元素何者無法提升硬化能：① Ni ② Co ③ Mn ④ Mo。

52.(3) 金屬材料的各種性質中，工程人員最重視材料的：①物理性質②化學性質③機械性質④磁性。

2.6 工作項目 06：材料試驗

表 2-3 常用硬度測試之規範一覽表

試驗法	壓痕器	硬度值或荷重
勃氏硬度	10mm 鋼球或碳化鎢	$HB = \frac{P}{\pi D[D - \sqrt{D^2 - d^2}]}$
維克氏微硬度	136 度鑽石角錐體	$HV = 1.854\frac{P}{d^2}$
洛氏硬度	120 度鑽石圓錐	HRA 荷重為 60Kg
	直徑 1/16 英吋鋼球	HRB 荷重為 100Kg
	120 度鑽石圓錐	HRC 荷重為 150Kg
表面洛氏硬度	N 為 120 度鑽石圓錐	荷重分為 15、30 及 45Kg 三種
	T 為直徑 1/16 英吋鋼球	
	W 為直徑 1/8 英吋鋼球	

- **硬度小複習**

(1) 勃氏硬度測試需磨光表面、試片厚度需爲壓痕深度 10 倍以上，寬度要大於壓痕直徑 5 倍以上，每一試片需作 3 ～ 5 次求平均值，壓痕中心距要大於 4d 以上，離邊緣需 2.5d 以上。

(2) 洛氏硬度分 HRA（主負荷 60kg、120 度鑽石圓錐）、HRB（主負荷 100kg、1.588mm 鋼球壓痕器）及 HRC（主負荷 150kg、120 度鑽石圓錐）三種，預壓荷重均先施加 10kg。

1. (3) 測試勃氏硬度之試片的厚度，原則上應大於壓痕深度之：① 3 倍② 5 倍③ 10 倍④ 20 倍。
2. (2) 如以 d 表示勃氏硬度測試之壓痕直徑，則壓痕與壓痕之間的中心距離應在：① 2d ② 4d ③ 6d ④ 8d 以上。
3. (2) 如以 d 表示勃氏硬度測試之壓痕直徑，則壓痕之中心應距離試片邊緣：① 1d ② 2.5d ③ 4d ④ 10d 以上。
4. (1) 勃氏硬度測試時，標準之荷重保持時間爲：① 30 秒② 45 秒③ 60 秒

④ 90 秒。

5. (3) 勃氏硬度值雖爲無名數，但實際之單位爲：① lbf/in^2 ② lbf/in ③ kgf/mm^2 ④ kgf/mm。

- 硬度之單位應爲荷重（kgf）除以單位壓痕表面積（mm^2）。

6. (4) HB（10/3000）300，其中的 10 是代表：①勃氏硬度爲 10 ②壓痕直徑爲 10mm ③試驗荷重爲 10kg ④壓痕器爲 10mm 鋼球。

- 「10」爲 10mm 鋼球壓痕器；「3000」爲荷重 3000 kgf；「300」爲硬度值 HB 300。

7. (1) 勃氏硬度值爲：①荷重除以鋼球壓痕器之壓痕的表面積②荷重除以鋼球壓痕器之壓痕的投影面積③荷重除以鑽石正方錐壓痕器之壓痕的表面積④荷重除以鑽石正方錐壓痕器之壓痕的投影面積。
8. (1) 如以 d 表示維克氏硬度測試時之壓痕對角線長度，則試片之厚度應在：① 1.5d ② 3d ③ 4.5d ④ 6d 以上。
9. (3) 如以 d 表示維克氏硬度測試時之壓痕對角線長度，則壓痕與壓痕間之中心距離應在：① 1d ② 2.5d ③ 4d ④ 10d 以上。
10. (2) 如以 d 表示維克氏硬度測試時之壓痕對角線長度，壓痕之中心原則上應距離試片邊緣：① 1d ② 2.5d ③ 4d ④ 5d 以上。
11. (3) 維克氏硬度值雖爲無名數但實際之單位爲：① lbf/in^2 ② lbf/in ③ kgf/mm^2 ④ kgf/mm。
12. (1) 維克氏硬度測試中，如以 A 表示壓痕之表面積，A' 表示壓痕之投影面積，P 表示測試荷重則：① HV = P/A ② HV = P/A' ③ HV = A/P ④ HV = A'/P。
13. (3) 微硬度 HV（0.3）500 所表示之意義爲：①試驗荷重爲 0.3g，硬度值爲 HV500 ②試驗荷重爲 0.3lb，硬度值爲 HV500 ③試驗荷重爲

0.3kg，硬度值爲 HV500 ④試驗荷重爲 300kg，硬度值爲 HV500。

14.(3) 維克氏硬度測試使用之鑽石正方角錐壓痕器的對面夾角爲：① 90° ② 120° ③ 136° ④ 145°。

15.(1) 洛氏硬度 HRC 所使用之壓痕器爲：①頂角 120° 之鑽石圓錐 ② 1.588mm 鋼球③頂角 136° 之鑽石正方角錐④ 3.175mm 鋼球。

16.(2) 洛氏硬度 HRB 所使用之壓痕器爲：①頂角 120° 之鑽石圓錐 ② 1.588mm 鋼球③頂角 136° 之鑽石正方角錐④ 3.175mm 鋼球。

17.(1) 洛氏硬度試驗 HRA 所使用之壓痕器爲：①頂角 120° 之鑽石圓錐 ② 1.588mm 鋼球③頂角 136° 之鑽石正方角錐④ 3.175mm 鋼球。

18.(2) 洛氏硬度 HRA、HRB、HRC 測試時之預壓荷重爲：① 5kg ② 10kg ③ 20kg ④ 30kg。

19.(3) 洛氏 HRC 硬度試驗荷重爲：① 60kg ② 100kg ③ 150kgv ④ 200kg。

20.(2) 洛氏 HRB 硬度試驗荷重爲：① 60kg ② 100kg ③ 150kg ④ 200kg。

21.(1) 洛氏 HRA 硬度試驗荷重爲：① 60kg ② 100kg ③ 150kg ④ 200kg。

22.(2) 洛氏硬度測試圓棒之圓柱面硬度時，所測之值應予修正，其原則爲：①直徑愈大，補償（加值）愈大②直徑愈小，補償（加值）愈大③直徑愈大，扣除（減值）愈大④直徑愈小，扣除（減值）愈大。

23.(3) 以撞錘撞擊試片，由其反彈的高度來決定其硬度的試驗方法爲：①洛氏②勃氏③蕭氏④維克氏。

24.(3) 蕭氏硬度值應由：① 2 次② 3 次③ 5 次④ 7 次　連續測試所得平均值表示之。

25.(4) 蕭氏硬度測試時之位置必須離試片邊緣：① 1mm ② 2mm ③ 3mm ④ 4mm 以上。

26.(2) 蕭氏硬度測試，兩個測試中心位置應大於：① 1 倍② 2 倍③ 3 倍④ 4 倍　壓痕之直徑。

27.(2) 測試灰鑄鐵的硬度最好採用：①洛氏②勃氏③蕭氏④維克氏　硬度試驗。

- 灰鑄鐵含片狀石墨，以壓痕器愈大的硬度試驗，可得較精準之硬度值，故選用勃氏 10mm 鋼球壓痕器。

28.(1) 模具鋼淬火硬化後之硬度試驗以：① HRC ② HRB ③ HB ④ HV 最常被採用。

29.(2) 中低碳鋼退火後之硬度試驗以：① HRC ② HRB ③ HS ④ HV 較爲適當。

30.(4) 厚度0.3mm之黃銅板可採用之硬度試驗爲：① HRC ② HRB ③ HR30N ④ HR15T。

- 薄板宜使用表面洛氏硬度。黃銅質軟，應選小負荷且粗大鋼球壓痕器。（N：120 度鑽石圓錐；T：直徑 1/16 英吋鋼球）
- 表面洛氏硬度表示方式
  (1) HR15N：主要負荷 15kg，120 度鑽石壓痕器。
  (2) HR30T：主要負荷 30kg，直徑 1.588mm 鋼球壓痕器。
  (3) HR45W：主要負荷 45kg，直徑 3.175mm 鋼球壓痕器。

31.(3) 厚度0.3mm 之 SK5 鋼板淬火硬化後之硬度試驗應採：① HRC ② HRB ③ HR15N ④ HR15T。

32.(4) 滲碳工件檢驗，其有效硬化層時所採用的硬度試驗爲：①勃氏②洛氏③蕭氏④微硬度 HV。

33.(4) 外徑 1m 之大型齒輪經火焰或高週波逐齒淬火硬化後的最簡單硬度檢測方法爲：①勃氏②洛氏③維克氏④蕭氏。

34.(1) 以下哪種材料在做抗拉試驗時會有明顯的降伏點：①軟鋼②淬火中碳鋼③純銅④純鋁。

35.(2) 抗拉試驗時，拉伸速率愈快，其抗拉強度會因此：①偏低②偏高③相同④不一定。

36.(1) 抗拉試驗中之降伏點強度如未加註明，則指的是：①上降伏點②下降伏點③上降伏點及下降伏點之平均值④破壞強度之 70%。

37.(3) 抗拉試驗時如沒有明顯的降伏點，則降伏強度可採：①破壞強度之 70% ②破壞強度之 50% ③ 0.2 % 應變截距法④直接採用破壞強度。

38.(3) 標距 50mm 之抗拉試棒，斷裂後之長度為 60mm 則其延伸率為：① 10% ② 16.7% ③ 20% ④ 40%。

- $El\% = \Delta L/L_0 \times 100\% = (60-50)/50 \times 100\% = 20\%$

39.(2) 有一抗拉試棒之標距內直徑為 10mm，斷裂時之破斷力為 5,000kg，則其抗拉強度為：① 50 kgf/mm^2 ② 63.66 kgf/mm^2 ③ 96.73 kgf/mm ④ 127.32 kgf/mm^2。

- $UTS = F/A_0 = 5000/[\pi/4 \times (10)^2] = 63.66\ kgf/mm^2$

40.(2) 衝擊試驗之衝擊值的單位為：① kgf/cm^2 ② $kgf\text{-}m/cm^2$ ③ kgf/cm ④ kgf-m/cm。

41.(3) 衝擊試驗所得衝擊值愈大表示：①硬度愈高②硬度愈低③韌性愈高④韌性愈低。

42.(4) 鋼之火花試驗會增加火花爆發數的元素為：①鎢②矽③鉻④碳。

43.(3) 金相試驗試片準備中，以砂輪切割試片時，應使用水冷卻的理由是：①使其不產生淬火硬化②容易切割③使其不改變原來組織④減少空氣污染。

44.(1) 金相試片在鑲埋時之溫度應不超過：① 130℃ ② 180℃ ③ 250℃ ④ 300℃。

45.(4) 金相試片在手持試片由粗至細之不同砂紙上磨平時，應不時改變研磨的方向，其理由為：①增加解析度②速度較快③防止過熱④除去嵌入金相試片基地的砂粒。

46.(3) 顯微鏡之物鏡為 50 倍，目鏡為 10 倍則其放大倍率為：① 60 倍

② 100 倍③ 500 倍④ 1000 倍。

47.(2) 光學金相顯微鏡的最大放大倍率約爲：① 100 倍② 1000 倍③ 5000 倍④ 10000 倍。

48.(2) 光學顯微鏡之解析度取決於：①顯微鏡之倍率②鏡頭的開口度（NA）③試片的平坦度④試片的反光度。

- d_0 解析度 = $0.61\lambda/n\times\sin\theta = 0.61\lambda/NA$，$d_0$ 爲兩細點間能被分辨的最短距離，d_0 値越小，解析度越佳。λ 爲波長，n 爲介質折射率，θ 爲半張角，NA 爲鏡頭開口度。

49.(2) 機械的破壞約 90% 肇因於金屬的：①潛變②疲勞③加工硬化④壓縮。

50.(4) 一般碳鋼的疲勞限強度約爲其抗拉強度的：① 80% ② 70% ③ 60% ④ 50%。

51.(3) 能檢查材料熱處理後晶粒大小與組織變化之實驗爲：①火花試驗②硬度試驗③金相試驗④衝擊試驗。

CHAPTER 2

2.7 工作項目 07：機械加工法

1. (2) 標準鑽頭之鑽唇間（尖端）角度爲：① 110° ② 118° ③ 120° ④ 125°。

- 標準鑽頭尖端約 118 度，間隙角約爲 6 ～ 12 度。

2. (4) 1/2-13UNC 螺紋符號是：①中華民國②日本③德國④美國　標準。

- UNC：粗牙；UNF：細牙；UNEF 極細牙。

3. (1) 方形螺紋最適合用於：①傳達動力②固定機件③調整距離④精密儀器。

4. (2) 三角皮帶的角度為：① 35° ② 40° ③ 45° ④ 60°。

5. (1) 鎯頭之規格以：①重量②頭部長度③號碼④柄長　稱呼之。

- 鎯頭之規格以重量（多少 lb 磅）稱呼。

6. (4) 下列砂輪號碼中，何者砂粒最細、膠合度最硬：① WA46H ② WA46P ③ WA80H ④ WA80P。

- 材質 WA：Al_2O_3；WC：SiC。
- 粒度號碼愈大，砂粒愈細。
- 最後英文字母越後面，膠合度越硬。

7. (1) 1μm 單位是表示：①百萬分之一公尺②百萬分之一公分③百萬分之一公厘④百分之一公厘。

8. (2) r.p.m. 是代表：①每分鐘角速度②每分鐘迴轉數③每分鐘線速度④每分鐘衝擊數。

- r.p.m = rev. per minute = 每分鐘迴轉圈數

9. (3) 眞空度常用單位是：① Mpa ② B.T.U ③ Torr ④ PSI。

- 1 torr=1/760 大氣壓 = 1mmHg。

10.(3) 砂輪編號的 WA 是表示用：①氧化鋯②碳化矽③白色氧化鋁④碳化硼磨料製造者。

11.(3) 華氏 77° 為攝氏：①零度② 15℃③ 25℃④ 45℃。

- F = 9/5×C + 32

2.(1) 壓力單位 mmaq 是：①水柱壓力②水銀柱壓力③眞空度④大氣壓。

3.(2) 三角皮帶上印有「A100」號碼其數字「100」是表示：①長度 100 公分②長度 100 英吋③強度 100 公斤級④強度 100 英磅級。

4.(2) 鋼管（瓦斯、水管）之稱呼尺寸爲根據：①管外徑尺寸②管近似內徑尺寸③管內外徑平均値④管牙螺紋底徑而定之。

5.(4) 有每一邊長 100 cm 之立方體水桶裝滿水時，其所裝之水重爲：① 100 公斤② 200 公斤③ 500 公斤④ 1,000 公斤。

- 水密度爲 $1g/cm^3$，本題體積爲 10^6cm^3，故重量爲 $10^6g = 10^3kg$。

6.(1) 公制螺紋符號 M30×1 表示：①公制螺紋外徑 30mm，節距 1mm ②公制螺紋外徑 30 mm，1 級螺紋③公制螺紋外徑 30mm，螺紋高 1mm ④公制螺紋外徑 30mm，1 級配合。

- M 公制；30 外徑（30mm）；1 節距（1mm）

2.8 工作項目 08：製圖

. (3) 工程畫表示鑽頭圓錐部份 α 夾角，習慣上以：① 60° ② 90° ③ 120° ④ 136° 畫製之。

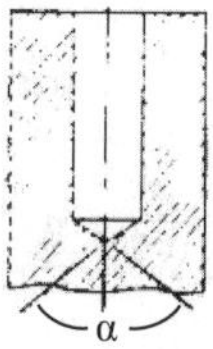

2. (3) 投影圖，將由左邊看的投影圖，畫於正視圖之左邊者為：①第一角畫法②第二角畫法③第三角畫法④第四角畫法。

3. (1) 如下圖之投影圖，數值「32」是表示：①弦長②弧長③半徑長④弧線展開長。

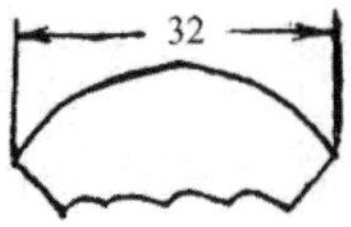

4. (1) 工程畫中放大兩倍來繪製時，比例欄中應寫為：① 2：1 ② 1：2 ③ 1/2 ④ 2×1。

5. (4) 工程畫之投影圖表示看不到的投影用：①細線一長一短②細線一長二短③細實線④中線虛線 表示。

6. (3) 工作圖之尺寸$\Phi 75^{+0.015}_{-0.010}$是表示：①圓柱之長度可作到 75.015 ～ 74.990 之間②圓柱直徑可作到 75.005 ～ 75.010 之間③圓孔直徑可作到 75.015 ～ 74.990 之間④圓孔直徑可作到 75.015 ～ 75.010 之間。

7. (1) 下列簡號中何者為德國工業標準：① DIN ② CNS ③ JIS ④ ISO。

8. (2) 1 英吋為：① 22mm ② 25.4mm ③ 30mm ④ 30.5mm。

9. (4) 1 英呎為：① 22cm ② 25cm ③ 30cm ④ 30.48cm。

- 1 英呎 = 12 英吋 = 12×2.54 cm = 30.48 cm。

10.(2) 下列投影圖，以第三角畫法所畫者，其中那一組圖不成立

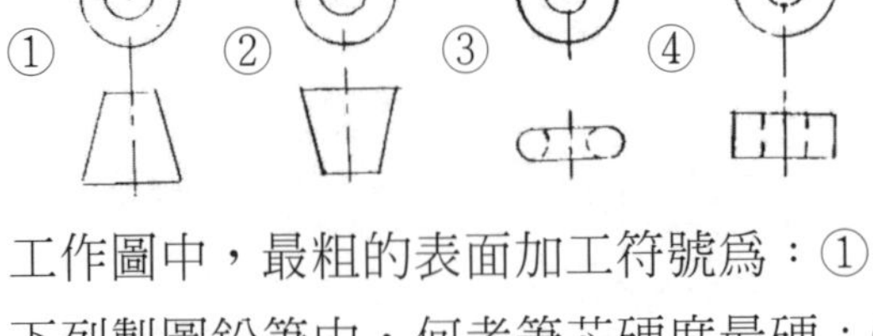

11.(1) 工作圖中，最粗的表面加工符號為：①∼②▽▽▽③▽▽④▽。

12.(2) 下列製圖鉛筆中，何者筆芯硬度最硬：① 2B ② H ③ HB ④ F。

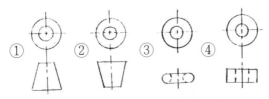

• 筆芯硬度依序 9H > 8H > … > 2H > H > F > HB > B > 2B > … > 7B。

13.(1) 表示中心線平均粗糙度之符號為：① Ra ② Rz ③ Rmax ④ Rt。
14.(2) 工作圖上「R10」係表示圓弧：①直徑 10mm ②半徑 10mm ③直徑 10cm ④半徑 10cm。

2.9 工作項目 09：電工

1. (4) 台灣工業用電一般為：① 110 伏特 60 赫② 220 伏特 50 赫③ 110 伏特 50 赫④ 220 伏特 60 赫。
2. (1) 有一盞 110 伏特用 100 瓦電燈泡，連續使用 24 小時，共耗電：① 2.4 瓩小時② 2.64 瓩小時③ 2.2 瓩小時④ 11 瓩小時。

• 耗電 = 100 瓦 ×24 小時 = 2400 瓦小時 = 2.4 瓩小時

3. (4) 1 瓦（W）為：① 1 伏特（V）×1 歐姆（Ω）② 1 安培（A）×1 歐姆（Ω）③ 1 伏特（V）×1000 安培（A）④ 1 伏特（V）×1 安培（A）。
4. (3) 同一直徑及長度之金屬線，依電阻大小順序分別為：①鋁、鐵、銅②銅、鋁、鐵③鐵、鋁、銅④銀、銅、鋁。

• 幾種常見金屬電組大小依序：銀 < 銅 < 金 < 鋁 < 鐵。

5. (4) 機械設備設有接地線，其目的為：①使電壓穩定②增加通電效率③減少電阻④預防漏電之安全措施。
6. (3) 用於電壓 220 伏特，週波數 60 赫之馬達，如果用於 220 伏特 50 赫之電，此馬達：①會燒壞②迴轉數不變③迴轉數變少④迴轉數變多。
7. (1) 220 伏特用之電燈泡用於 110 伏特電壓的家庭電，其電燈泡會：①比用於 220 伏特電時暗②比用於 220 伏特電時亮③不亮④亮了不久燈絲就熔斷。

8. (2) 熱處理鹽浴電極爐用電是：①高電壓、高電流②低電壓、高電流③低電壓、低電流④低電阻、低電流。

- 與電焊機類似，均屬低電壓、高電流之設備。

9. (3) 電的不導體為：①地球②人③橡皮④金。

10.(3) 日本系統的 K 型（Chromel-Alumel）熱電偶之補償導線包覆層的顏色為：①黑色②黃色③藍色④褐色。

- K 型（CA 型）補償導線外皮為藍色。
- R 型（PR 型）補償導線外皮為黑色。

11.(3) K 型（Chromel-Alumel）熱電偶的最高使用溫度為：① 600℃② 800℃③ 1200℃④ 1600℃。

- K 型（CA 型）熱電偶最高溫度可使用至 1200℃。
- R 型（PR 型）熱電偶最高溫度可使用至 1600℃。

12.(3) 功率 1 馬力（1HP）等於：① 1 瓩② 10 瓩③ 746 瓩④ 7.46 瓩。

2.10 工作項目 10：環保及安全衛生

1. (1) 一氧化碳屬於：①化學性危害因子②物理性危害因子③生物性危害因子④生理性危害因子。

2. (1) 安全衛生中代表危險且具有警戒意義的標示顏色為：①橙色②紅色③黃色④綠色。

- 【安全衛生標示顏色的意義】
  (1) 紅色：危險且禁止。
  (2) 橙色：有立即危險、警戒。
  (3) 黃色：注意、易燃易爆。
  (4) 綠色：安全。
  (5) 藍色：小心。
  (6) 紫色：放射線。

3. (4) 電器火災的滅火具爲：①水溶劑②二氧化碳③泡沫④乾粉。
4. (4) 油漆中毒是屬於：①物理性危害②生物性危害③生理性危害④化學性危害。

- 油漆中含有機溶劑，因此屬於化學性危害。

5. (2) 眼睛由化學物品噴濺而受傷時，即：①給予眼藥水②大量清水沖洗③給予相反性質之化學藥品（例如酸與鹼之關係）④以壓縮空氣吹除。
6. (4) 油槽著火時，最有效之撲滅法是用：①沙②噴水③噴氮氣④泡沫滅火劑。
7. (4) 可燃性氣體外洩時，立即：①打開電扇排氣②逃出現場③打開門窗④關閉來源。

- 可燃性氣體以優先關閉來源處理之；有毒氣體則應迅速逃離現場。

8. (2) 大樓火災時應：①搭乘電梯儘快逃生②弄濕自己儘速由樓梯或逃生梯離開③打開門窗④在原處等待救援。
9. (4) 工業廢油應如何處理：①倒棄於垃圾場②倒棄河川沖走③濕沙攪拌後丟棄④送廢油處理機構處理。
10.(4) 氣體爐（RX 氣體）爐內溫度在：① 300℃② 500℃③ 600℃④ 750℃

爲導入 RX 氣體不會爆炸的安全界限。

11.(3) 工作疲勞又稱爲：①心理性疲勞②精神性疲勞③生理性疲勞④自然性疲勞。

12.(2) 下列中會燃燒的氣體是：①氮氣②氫氣③氧氣④氬氣。

13.(3) 事故發生，不安全動作約占：① 48% ② 68% ③ 88% ④ 98%。

14.(3) 有毒或可燃性氣液體外洩時，應先：①打開門窗②設法找源頭③逃離現場④在原地呼救。

>> 3

熱處理職類丙級技術士證照術科實作範圍

>> 學習重點

- 3.1 熱處理丙級證照術科測試項目與評分方式
- 3.2 熱處理丙級證照術科測試試題說明

3.1 熱處理丙級證照術科測試項目與評分方式

丙級術科試題共分爲 5 站實施，各站檢定項目及檢定限定時間如下：

1. 火花試驗（一般碳鋼）二支，限定時間：5 分鐘。
2. 洛氏（Rockwell）硬度試驗（手動式），HRB、HRC 試片每人各一片，限定時間：兩片合計 10 分鐘。
3. 金相組織辨識（包括碳鋼，鑄鐵及表面硬化等四組），每組選取一張作答，限定時間：5 分鐘。
4. 目測爐溫判定，溫度範圍（650 ～ 950℃），指定兩種不同爐溫測試，限定時間：合計 3 分鐘。
5. 熱處理作業程序設定，抽取一組（內含2題題目），限定時間：30分鐘。

熱處理丙級術科測試成績計算與注意事項：

1. 術科測試試題共分 5 站測試，每站各佔 20 分。
2. 總成績以 100 分爲滿分，60 分爲及格。（成績總表請參閱圖 3-1）
3. 丙級術科試題使用之設備、材料全由辦理單位準備，應檢人無須自備工具。
4. 應檢人應予限定時間內完成測試，逾時不予計分。
5. 檢定試題中有高溫爐及精密儀器之使用，應檢人除應注意安全外，對精密儀器之使用，尤其應細心以免損壞儀器，故意損壞儀器者應負賠償之責。

3.2 熱處理丙級證照術科測試試題說明

3.2.1 試題名稱：火花試驗（本分項測驗成績計分表請參閱圖 3-2）

試題說明：請利用所提供之材料暨設備，藉火花試驗判定碳鋼之含碳量。

檢定時間：5 分鐘。

試棒數量：2 支。

評分標準：

1. 操作方法【20%】
   (1) 加壓是否適當。【滿分 10 分】
   (2) 火花角度是否適當。【滿分 10 分】
2. 判定結果【80%】
   (1) 含碳量誤差 ± 0.05% C（含）。【100 分】
   (2) 含碳量誤差 ± 0.10% C（含）。【80 分】
   (3) 含碳量誤差 ± 0.20% C（含）。【50 分】
   (4) 含碳量誤差 > 0.20% C。【0 分】

測試材料：山本碳鋼標準火花試驗棒（一般碳鋼），S10C、S15C、S20C、S30C、S40C、S50C。

設　　備：標準火花試驗設備一套。

3.2.2 試題名稱：硬度試驗（本分項測驗成績計分表請參閱圖 3-3）

試題說明：請利用所提供之材料及設備，藉硬度試驗測定其 HRC、HRB 硬度值。

檢定時間：10 分鐘 。

試棒數量：HRC 及 HRB 各一。

評分標準：

1. 操作方法【40%】
   (1) 痕器及荷重之選擇。【滿分 10 分】
   (2) 加小荷重是否適當。【滿分 10 分】
   (3) 壓痕位置是否合規定。【合：5 分；不合：0 分】
   (4) 加壓時間是否適當。【滿分 10 分】
   (5) 試片前處理是否適當。【滿分 5 分】
2. 判定結果【60%】
   - HRC 硬度試驗：
     (1) 誤差 ± HRC1（含）。【100 分】
     (2) 誤差 ± HRC2（含）。【60 分】
     (3) 誤差 ± HRC2 以上。【0 分】
   - HRB 硬度試驗：
     (1) 誤差 ± HRB3（含）。【100 分】
     (2) 誤差 ± HRB5（含）。【60 分】
     (3) 誤差 ± HRB5 以上。【0 分】

設　　備：手動指針式洛式硬度試驗機一台。

3.2.3 試題名稱：金相組織辨識（本分項測驗成績計分表請參閱圖 3-4）

試題說明：就以下試題中，以抽籤方式選出 4 小題作答（試題共分爲四組，每一組中抽取一題）。作答時請參考所提供之照片，以照片上之號碼填入答案紙上。如第二組中，中碳鋼經球化處理之試題代號爲：(2)-(B)。

檢定時間：5 分鐘。

評分標準：每題 25 分，答對 4 題 100 分。

測試材料：

1. 鋼鐵材料基本組織：
   (1) 肥粒體。
   (2) 波來體。
   (3) 麻田散體。
   (4) 高溫回火麻田散體。
   (5) 球狀組織。
   (6) 網狀雪明碳體。
2. 以下之碳鋼：
   (1) 0.1% ～ 0.2% 低碳鋼。
   (2) 0.4% ～ 0.5% 中碳鋼。
   (3) 共析鋼（含碳量：0.8%）。
   (4) 過共析鋼（含碳量 1.2%，SK2）。
   經過以下之處理：
   - 完全退火。
   - 球化處理。
   - 淬火後之組織。

   【註】淬火溫度除過共析鋼從 $\gamma + Fe_3C$ 之雙相區淬火外，其他均從 γ 區淬火。
3. 經表面處理之組織：
   (1) 滲碳後爐冷組織。
   (2) 滲碳後淬火組織。
   (3) 高週波硬化組織。
   (4) 脫碳組織。
   (5) 滲氮組織。
4. 鑄鐵：
   (1) 灰鑄鐵。

(2) 白鑄鐵。

(3) 球墨鑄鐵（延性鑄鐵）。

(4) 黑心可鍛鑄鐵。

(5) 白心可鍛鑄鐵。

3.2.4 試題名稱：目測爐溫判定（本分項測驗成績計分表請參閱圖 3-5）

試題說明：試以所提供之電爐目測判定爐溫。

檢定時間：3 分鐘。

評分標準：判定值【100%】

1. 溫度判定誤差 ± 20℃（含）以內。【100 分】
2. 溫度判定誤差 ± 21 ～ 40℃（含）。【80 分】
3. 溫度判定誤差 ± 41 ～ 60℃（含）。【60 分】
4. 溫度判定誤差 ± 61 ～ 80℃（含）。【40 分】
5. 溫度判定誤差 > ± 80℃【0 分】

測試溫度：溫度範圍從 650℃～ 950℃。

設　　備：箱型電爐（附目視窗）2 台。

3.2.5 試題名稱：熱處理作業程序設定（本分項測驗成績計分表請參閱圖 3-6）

試題說明：請按所要求之熱處理目的，設定以碳鋼或高碳工具鋼所製工件（鋼種、尺寸、形狀如試題）之熱處理作業程序，即設定淬火溫度、回火溫度、冷卻法、加熱時間。

【註】隨考卷附鐵碳平衡圖及回火曲線以供參考。

檢定方法：

1. 筆試方法，集體同時考試。
2. 有十二組不同考卷，每組二題。十二組考卷，不按順序分發考試，每人各考其中一組。
3. 考試時間 30 分鐘。

評分標準：

1. A 題：淬火、回火作業程序【佔本項總分 60%】
   (1) 淬火溫度：【滿分 18 分】
      (a) 標準溫度範圍內。【18 分】
      (b) 超出或低於標準溫度範圍。【0 分】
   (2) 淬火溫度持溫時間：【滿分 12 分】
      (a) 標準時間範圍內。【12 分】
      (b) 超出或不足標準時間範圍。【0 分】
   (3) 冷卻方法：【滿分 6 分】
      (a) 答對者。【6 分】
      (b) 答錯者。【0 分】
   (4) 回火溫度：【滿分 18 分】
      (a) 標準溫度 ±20℃。【18 分】
      (b) 超出標準溫度上限或低於標準溫度下限。【0 分】
   (5) 回火持溫時間：【滿分 6 分】
      (a) 標準時間範圍內。【6 分】
      (b) 超出或不足於標準時間範圍。【0 分】
2. B 題：退火或正常化作業程序【佔本項總分 40%】
   (1) 處理溫度：【滿分 16 分】
      (a) 標準溫度範圍內。【16 分】
      (b) 超出或低於標準溫度範圍。【0 分】
   (2) 處理溫度持溫時間：【滿分 12 分】
      (a) 標準時間範圍內。【12 分】

(b) 超出或不足於標準時間範圍。【0 分】

(3) 冷卻方法：【滿分 12 分】

(a) 答對者。【12 分】

(b) 答錯者。【0 分】

熱處理丙級技術士技能檢定術科測試評審總表

<table>
<tr><td rowspan="3">基本資料</td><td colspan="2">通知單編號</td><td colspan="2"></td><td>學科准考證號碼</td><td></td></tr>
<tr><td colspan="2">姓名</td><td colspan="2"></td><td>檢定日期</td><td>年 月 日 午</td></tr>
<tr><td colspan="2">試題編號</td><td colspan="2"></td><td></td><td></td></tr>
<tr><td colspan="4">檢定項目</td><td>得分</td><td colspan="2">備註</td></tr>
<tr><td colspan="4">1. 火花試驗</td><td></td><td colspan="2" rowspan="5">1. 考試驗定各項目之分數係由各分表中所佔百分比「換算後之得分欄」登錄過來的分數。
2.「及格」及「不及格」欄中請就實際情形，由評審長於適當欄中打勾並由全體監評委員簽名蓋章。</td></tr>
<tr><td colspan="4">2. 硬度試驗</td><td></td></tr>
<tr><td colspan="4">3. 金相組織辨識</td><td></td></tr>
<tr><td colspan="4">4. 目測爐溫判定</td><td></td></tr>
<tr><td colspan="4">5. 熱處理作業程序設定</td><td></td></tr>
<tr><td colspan="4">總分</td><td colspan="3"></td></tr>
<tr><td colspan="2">判定</td><td colspan="2">60 分以上為及格</td><td colspan="3">□及格 □不及格</td></tr>
<tr><td colspan="2">評審長及全體監評委員簽章</td><td colspan="5"></td></tr>
</table>

圖3-1 熱處理丙級技術士技能檢定術科測試評審總表

熱處理丙級技術士技能檢定術科測試答案紙及評分表（一）

檢定項目：火花試驗

<table>
<tr><td rowspan="3">基本資料</td><td colspan="2">通知單編號</td><td></td><td colspan="2">學科准考證號碼</td><td colspan="2"></td></tr>
<tr><td colspan="2">姓名</td><td></td><td colspan="2">檢定日期</td><td colspan="2">年 月 日 午</td></tr>
<tr><td colspan="2">試題編號</td><td></td><td colspan="2"></td><td colspan="2"></td></tr>
<tr><td rowspan="3">答案紙</td><td colspan="2">試棒別</td><td colspan="5">含碳量（wt%）</td></tr>
<tr><td colspan="2">第一支試棒</td><td colspan="5"></td></tr>
<tr><td colspan="2">第二支試棒</td><td colspan="5"></td></tr>
<tr><td rowspan="5">評分表</td><td colspan="2">評分細項</td><td>評分標準</td><td>得分</td><td>小計</td><td>合計</td><td>本項目得分</td></tr>
<tr><td rowspan="2">操作方式</td><td>加壓
是否適當</td><td>滿分 10 分</td><td></td><td rowspan="2"></td><td rowspan="4"></td><td rowspan="4">（佔總分之 20%，
即：合計 ×0.2）</td></tr>
<tr><td>火花角度
是否適當</td><td>滿分 10 分</td><td></td></tr>
<tr><td rowspan="2">判定結果</td><td>第一支
試棒</td><td rowspan="2">含碳量誤差在
±0.05%（含）以下：40 分
±0.10%（含）以下：32 分
±0.20%（含）以下：20 分
>0.2% 以上：0 分</td><td></td><td rowspan="2"></td></tr>
<tr><td>第二支
試棒</td><td></td></tr>
<tr><td colspan="2">評審委員簽章</td><td colspan="6"></td></tr>
</table>

圖3-2 熱處理丙級技術士技能檢定術科測試「火花試驗」評分表

熱處理丙級技術士技能檢定術科測試答案紙及評分表（二）

檢定項目：硬度試驗

<table>
<tr><td rowspan="3">基本資料</td><td colspan="2">通知單編號</td><td></td><td colspan="2">學科准考證號碼</td><td colspan="2"></td></tr>
<tr><td colspan="2">姓名</td><td></td><td colspan="2">檢定日期</td><td colspan="2">年 月 日 午</td></tr>
<tr><td colspan="2">試題編號</td><td></td><td colspan="2"></td><td colspan="2"></td></tr>
<tr><td rowspan="3">答案紙</td><td colspan="2">試棒別</td><td colspan="5">硬度測定值</td></tr>
<tr><td colspan="2">A 試棒</td><td colspan="5">HRC</td></tr>
<tr><td colspan="2">B 試棒</td><td colspan="5">HRB</td></tr>
<tr><td rowspan="8">評分表</td><td colspan="2">評分細項</td><td>評分標準</td><td>得分</td><td>小計</td><td>合計</td><td>本項目得分</td></tr>
<tr><td rowspan="5">操作方式</td><td>壓痕器及荷重之選擇</td><td>滿分 10 分</td><td></td><td rowspan="5"></td><td rowspan="7"></td><td rowspan="7">（佔總分之 20%，即：合計 ×0.2）</td></tr>
<tr><td>加小荷重是否適當</td><td>滿分 10 分</td><td></td></tr>
<tr><td>壓痕位置是否合規定</td><td>合：5 分，不合：0 分</td><td></td></tr>
<tr><td>加壓時間是否適當</td><td>滿分 10 分</td><td></td></tr>
<tr><td>試片前處理是否適當</td><td>滿分 5 分</td><td></td></tr>
<tr><td rowspan="2">判定結果</td><td>A 試棒</td><td>測定誤差在：
±HRC1（含）以內：30 分
±HRC2（含）以內：18 分
±HRC2 以上：0 分</td><td></td><td rowspan="2"></td></tr>
<tr><td>B 試棒</td><td>測定誤差在：
±HRB3（含）以內：30 分
±HRB5（含）以內：18 分
±HRB5 以上：0 分</td><td></td></tr>
<tr><td colspan="2">評審委員簽章</td><td colspan="6"></td></tr>
</table>

圖3-3 熱處理丙級技術士技能檢定術科測試「硬度試驗」評分表

熱處理丙級技術士技能檢定術科測試答案紙及評分表（三）

檢定項目：金相組織辨識

基本資料	通知單編號		學科准考證號碼	
	姓名		檢定日期	年 月 日 午
	試題編號			

答案紙	
	一、材料基本組織：(1) 肥粒體 (2) 波來體 (3) 麻田散體 (4) 高溫回火麻田散體 (5) 球化組織 (6) 網狀雪明碳體。
	二、(1) 低碳鋼 (2) 中碳鋼 (3) 共析鋼 (4) 過共析鋼，經過 (A) 完全退火 (B) 球化處理 (C) 淬火後之組織。
	三、經表面處理後之組織：(1) 滲碳後爐冷組織 (2) 滲碳後淬火組織 (3) 高週波硬化組織 (4) 脫碳組織 (5) 滲氮組織。
	四、鑄鐵：(1) 灰鑄鐵 (2) 白鑄鐵 (3) 球墨鑄鐵（延性鑄鐵）(4) 黑心可鍛鑄鐵 (5) 白心可鍛鑄鐵

試題類別	試題代號（由監評人員填寫）	照片號碼（由考生填寫）
1.	（ ）題庫（ ）	（ ）
2.	（ ）題庫（ ）—（ ）	（ ）
3.	（ ）題庫（ ）	（ ）
4.	（ ）題庫（ ）	（ ）

評分表	評分項目	評分標準	得分	合計	本項目得分
	1.	組織判定正確得 25 分 錯誤以 0 分計			（佔總分之 20%，即：合計 ×0.2）
	2.				
	3.				
	4.				
評審委員簽章					

圖3-4 熱處理丙級技術士技能檢定術科測試「金相組織辨識」評分表

熱處理丙級技術士技能檢定術科測試答案紙及評分表（四）

檢定項目：目測爐溫判定

基本資料	通知單編號		學科准考證號碼	
	姓名		檢定日期	年　月　日　午
	試題編號			

答案紙	爐別	溫度判定（℃）
	A 爐	
	B 爐	

評分表	評分細項		評分標準	得分	合計	本項目得分
	判定結果	A 爐	溫度判定誤差在： ±20℃（含）以下：50 分 ±21～40℃（含）：40 分 ±41～60℃（含）：30 分 ±61～80℃（含）：20 分 ±80℃以上　：0 分			（佔總分之 20%，即：合計 ×0.2）
		B 爐				
評審委員簽章						

圖3-5　熱處理丙級技術士技能檢定術科測試「目測爐溫判定」評分表

熱處理丙級技術士技能檢定術科測試答案紙及評分表（五）

卷號	

檢定項目：熱處理作業程序設定

基本資料	通知單編號		學科准考證號碼	
	姓名		檢定日期	年 月 日 午
	試題編號			

答案及評分表	評分細項		答案	評分標準	得分	小計	合計	評分標準
	A題60%	(A) 淬火溫度	(℃)	答對18分 答錯0分				（佔總分之20%，即：合計×20%）
		(B) 淬火溫度持溫時間	(分)	答對12分 答錯0分				
		(C) 冷卻方法	冷	答對6分 答錯0分				
		(D) 回火溫度	(℃)	答對18分 答錯0分				
		(E) 回火持溫時間	(分)	答對6分 答錯0分				
	B題40%	(A) 加熱溫度	(℃)	答對16分 答錯0分				
		(B) 持溫時間	(分)	答對12分 答錯0分				
		(C) 冷卻方法	冷	答對12分 答錯0分				
評審委員簽章								

圖3-6 熱處理丙級技術士技能檢定術科測試「熱理作業程序設定」評分表

4

熱處理職類丙級技術士證照術科測試秘笈

學習重點

- 4.1 火花試驗
- 4.2 硬度試驗
- 4.3 金相組織辨識
- 4.4 目測爐溫判定
- 4.5 熱處理程序設定

4.1 火花試驗

1. 火花試驗正確姿勢：
   (1) 試棒傾斜角度約 5 至 10 度。
   (2) 用力的力道：約產生 50 公分的火花。
   (3) 標準姿勢如圖 4-1 所示。

圖4-1 正確的火花試驗操作方式

2. 丙級技能檢定火花試驗（6 枝試棒任選 2 支測試）包括：
   (1) S10C：含碳量 0.10% 的碳鋼。
   (2) S15C：含碳量 0.15% 的碳鋼。
   (3) S20C：含碳量 0.20% 的碳鋼。
   (4) S30C：含碳量 0.30% 的碳鋼。
   (5) S40C：含碳量 0.40% 的碳鋼。
   (6) S50C：含碳量 0.50% 的碳鋼。

第一種答案 **0.15%**

第二種答案 **0.25%**

第三種答案 **0.45%**

3. **判斷訣竅：**含碳量越高，火花爆裂狀越多，且分叉也越多，請參閱圖 4-2 火花示意圖（與火花的長短無關，火花的長短係由受測人施的力道決定）。

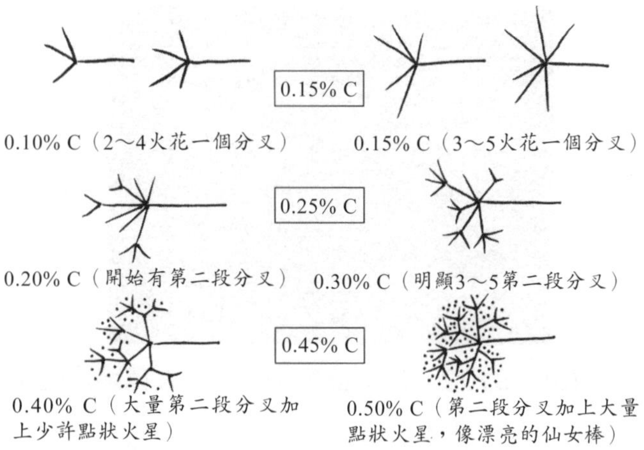

圖4-2　不同碳含量碳鋼火花示意圖

4. 各種火花試棒實作案例參考照片：

(1) S10C（含碳量 0.10% C）火花照片：

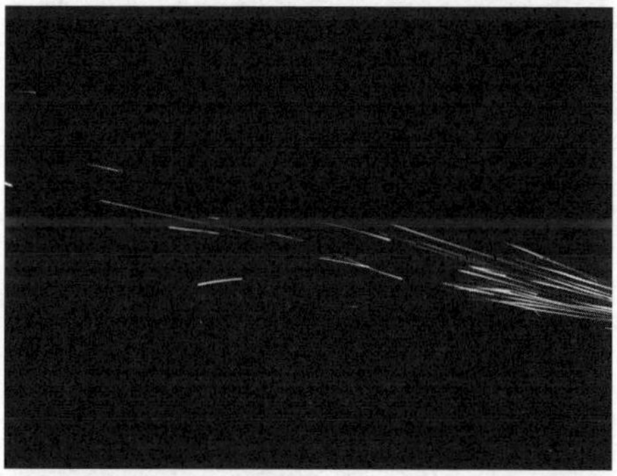

圖4-3(a)　S10C（含碳量0.10% C）火花照片範例

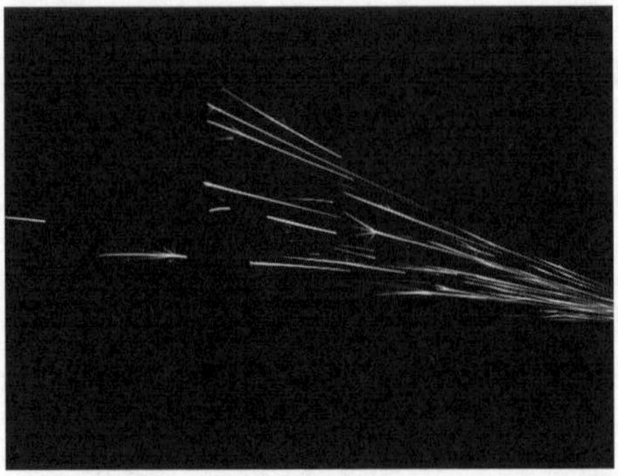

圖4-3(b)　S10C（含碳量0.10% C）火花照片範例

(2) S15C（含碳量 0.15% C）火花照片：

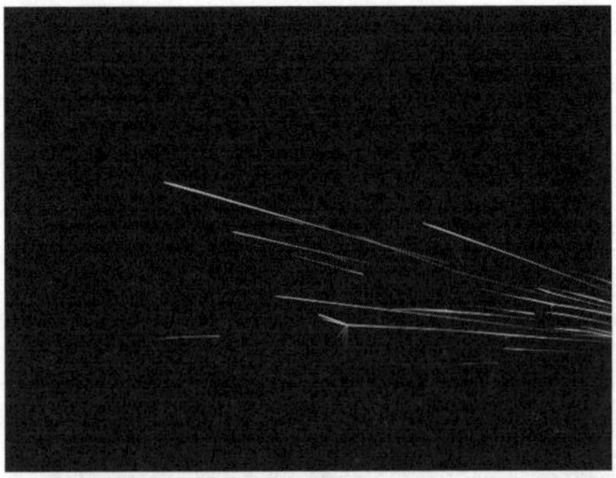

圖4-4(a)　S15C（含碳量0.15% C）火花照片範例

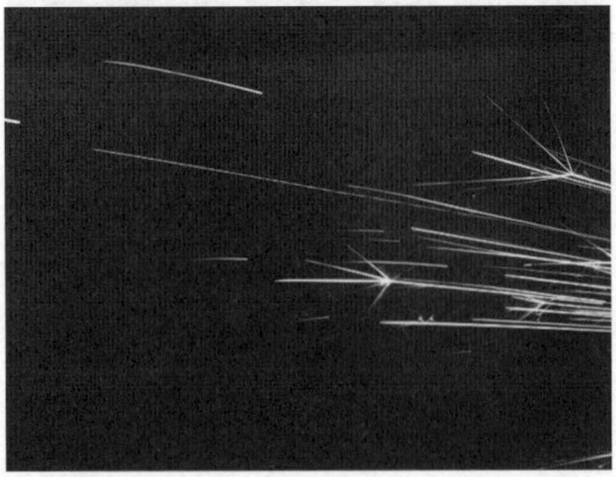

圖4-4(b)　S15C（含碳量0.15% C）火花照片範例

(3) S20C（含碳量 0.20% C）火花照片：

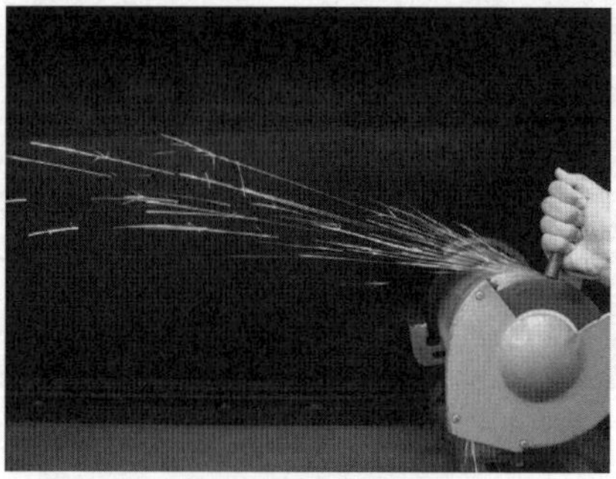

圖4-5(a)　S20C（含碳量0.20% C）火花照片範例

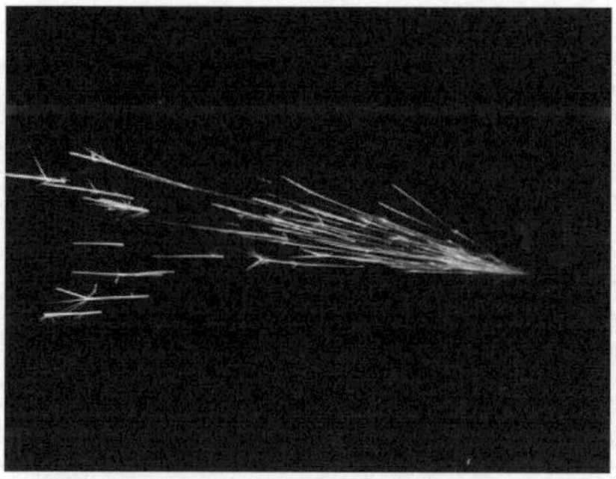

圖4-5(b)　S20C（含碳量0.20% C）火花照片範例

(4) S30C（含碳量 0.30% C）火花照片：

圖4-6　(a)S30C（含碳量0.30% C）火花照片範例

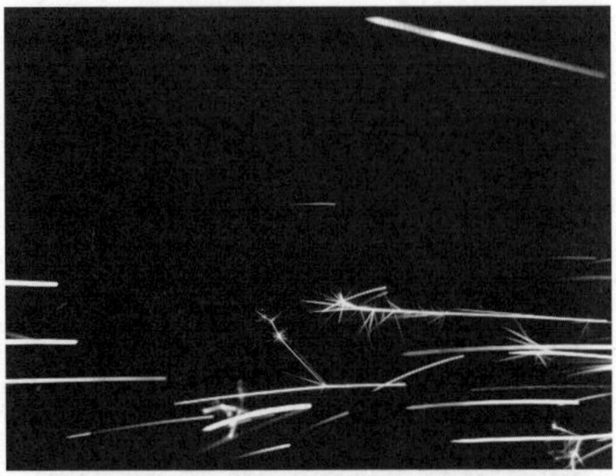

圖4-6(b)　S30C（含碳量0.30% C）火花照片範例

(5) S40C（含碳量 0.40% C）火花照片：

圖4-7(a)　S40C（含碳量0.40% C）火花照片範例

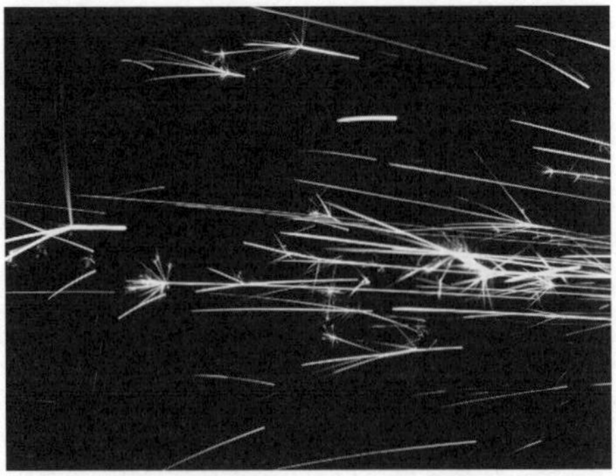

圖4-7(b)　S40C（含碳量0.40% C）火花照片範例

(6) S50C（含碳量 0.50% C）火花照片：

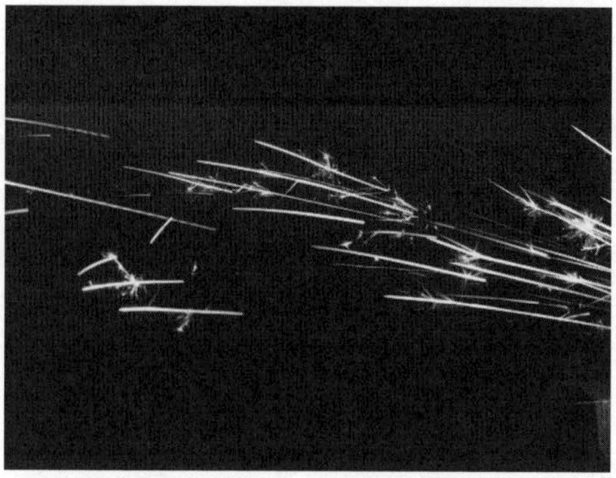

圖4-8(a)　S50C（含碳量0.50% C）火花照片範例

圖4-8(b)　S50C（含碳量0.50% C）火花照片範例

4.2 硬度試驗

1. 熱處理檢定要求及評分基準：
   (1) 每位受檢人員將分別量測 HRC 及 HRB 規格的試片各一片，受檢時間兩片合計以 10 分鐘爲限。
   (2) 基本動作共 40 分，包括壓痕器及荷重選擇（10 分）、加小荷重是否適當（10 分）、壓痕位置是否合乎規定（5 分）、加壓時間是否適當

（10 分）及試片前處理是否適當（5 分）等等。

(3) 硬度實測共兩片，每片各佔 30 分，標準如下：

丙 級 HRC	評分標準	丙 級 HRB	評分標準
(1) 誤差 ±HRC1（含）	30 分	(1) 誤差 ±HRB3（含）	30 分
(2) 誤差 ±HRC2（含）	18 分	(2) 誤差 ±HRB5（含）	18 分
(3) 誤差 ±HRC2 以上	0 分	(3) 誤差 ±HRB5 以上	0 分

2. 硬度試驗基本動作：

(1) 壓痕器的選擇：HRB 硬度試驗使用**直徑 16 分之 1 英吋的鋼球當壓痕器**，使用荷重要使用 100Kg；HRC 硬度試驗使用 **120 度鑽石圓錐當壓痕器**，使用荷重要使用 150Kg。

(2) HRB 與 HRC 硬度試驗均使用 10Kg 的小荷重。【93 頁～ 94 頁之步驟 (4) 即為施加小荷重的步驟】

(3) 壓痕器測試硬度的位置如下圖 4-9 所示，第一種壓痕分布情況為佳，其他壓痕分布情況均不正確（分散不規律、點與點的位置太靠近、太靠近試片邊緣等等）。

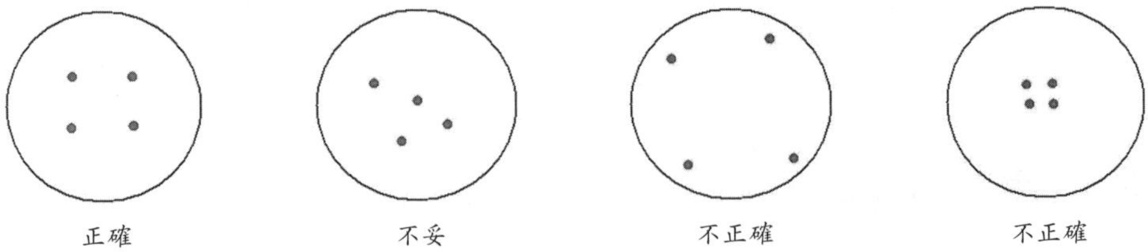

圖4-9 硬度試驗測試多點之壓痕器位置分布情形

(4) 加壓時間以指針完全靜止約 25 ～ 30 秒為佳。

(5) 試片前處理包括：測試檯面是否用布擦拭清潔、硬度測試試片是否有用砂紙研磨清潔（請注意試片兩面均需使用砂紙輕輕研磨表面，以清潔表面銹皮及毛邊）等等。

(6) 常見的兩種手動型洛氏硬度試驗機如圖 4-10 所示，應檢人應熟悉兩種機台並能熟練操作。

機型（一）　　機型（二）

圖4-10　兩種不同型式硬度試驗機的外觀與機械元件說明圖

. 硬度試驗操作步驟（請兩種機型都詳加閱讀練習）：

(1) 將表面經過磨光的試片放在試驗機的試片座上。（**請記住需用砂紙研磨試片正反兩面的動作，同時要有用抹布擦拭試片乘載台的動作**）

圖4-11(a) 機型（一）

圖4-11(b) 機型（二）

(2) 旋轉「指針盤」（參閱圖 4-10）外圈黑色 set 0（內圈紅色 set 30）旋轉到 12 點鐘方向進行「歸零」動作。

圖4-12(a) 機型（一）

圖4-12(b)　機型（二）

(3) 旋轉昇降手輪使試片和壓痕器接觸。注意，壓痕器與試片表面即將接觸時務必放慢動作，以免被扣分，同時可能損壞設備。

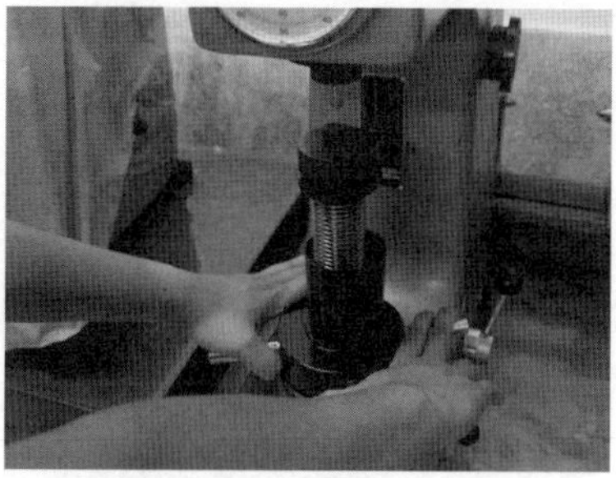

圖4-13(a)　機型（一）

圖4-13(b)　機型（二）

(4) 繼續旋轉昇降手輪至指針盤上之「**短針**」**轉到紅色標點之中心**爲止，

而「**長針**」**接近 12 點鐘方向**，此時為加上 10Kg 的基準荷重。【注意：昇降手輪把手旋轉要一氣呵成連續動作，中間不可停頓，否則需重新來過一次】

圖4-14(a) 機型（一）

圖4-14(b) 機型（二）

(5)「長針」靠近 12 點鐘方向，只要在誤差 2～3 小格之內均為有效的操作，此時需再次旋轉「指針盤」將「長針」歸零（外圈黑色 **set 0** 或**內圈紅色 set 30** 旋轉到「長針」正上方）。

圖4-15(a) 機型（一）

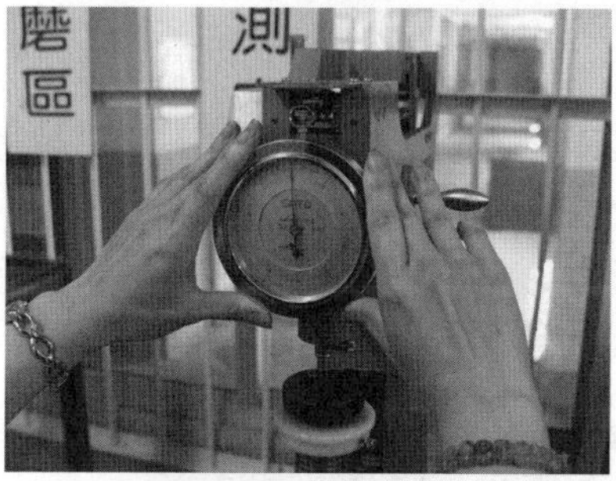

圖4-15(b) 機型（二）

(6) 輕輕拉動「搖手柄」（機型一）或推動「搖手柄」（機型二）（crank handle）開始施加大負荷至完全停止爲止（約 25 至 30 秒左右）。此時爲再加上 90 Kg（HRB 硬度測試）或 140 Kg（HRC 硬度測試）的荷重。所以 HRB 硬度測試及 HRC 硬度測試全部的試驗荷重分別爲 100 Kg 及 150 Kg。

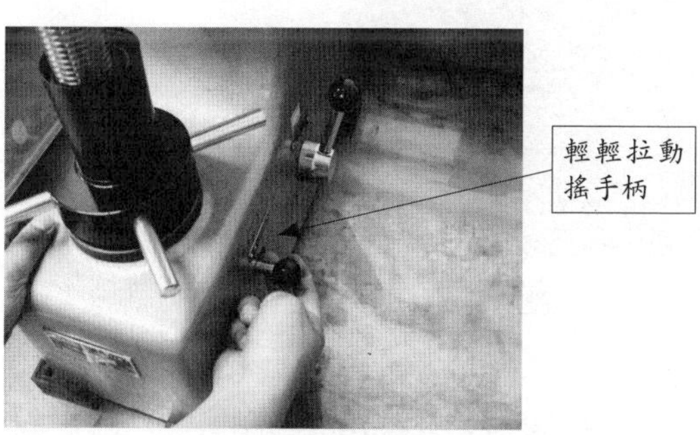

圖4-16(a) 機型（一）

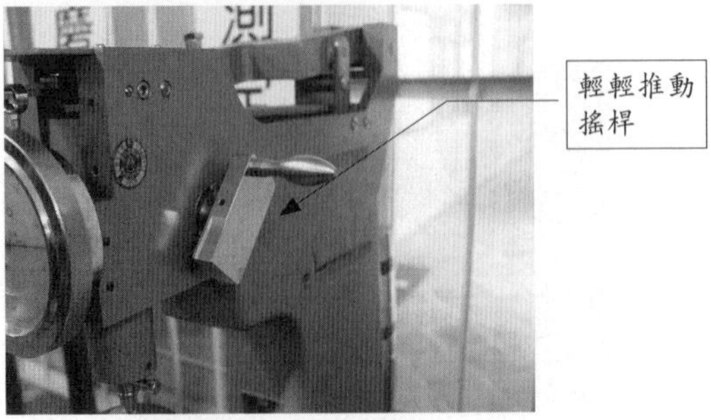

圖4-16(b)　機型（二）

(7) 輕輕轉回搖手柄，並讀出指針盤上之長針的標度，此標度則爲測試試片的硬度值。**【HRC 請讀黑色數字；HRB 請讀紅色數字】**

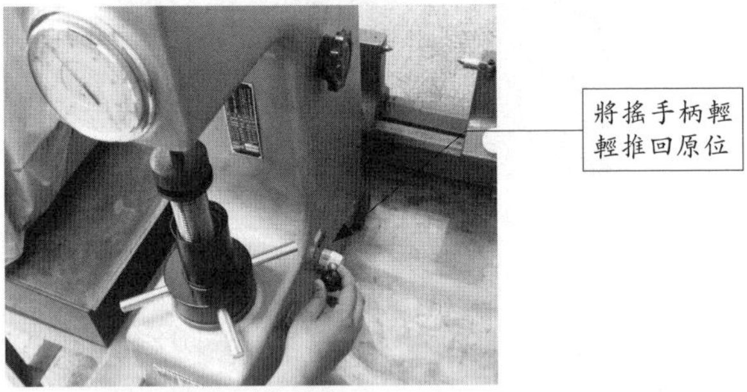

圖4-17(a)　機型（一）

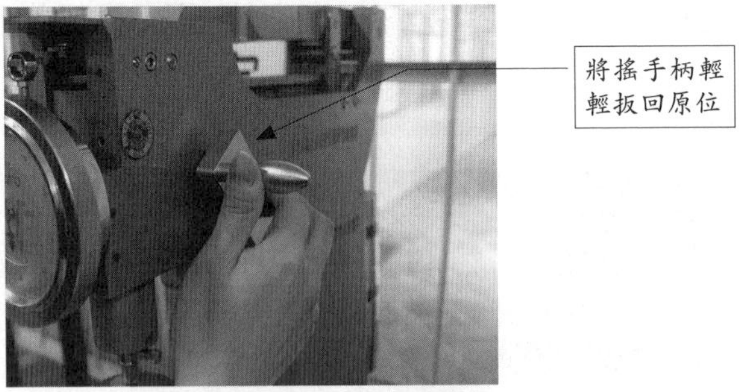

圖4-17(b)　機型（二）

(8) 讀取硬度測試數值，記錄後重複上述動作。每片試片需作 3 至 4 次

再求其平均值。**【特別注意，請不要將 HRB 跟 HRC 硬度值讀錯】**

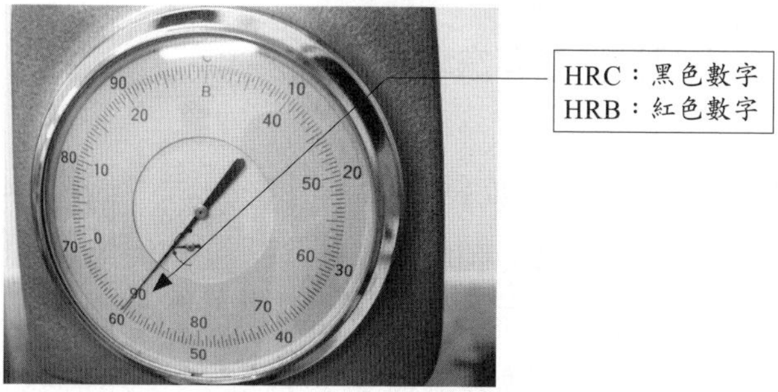

圖4-18(a)　機型（一）

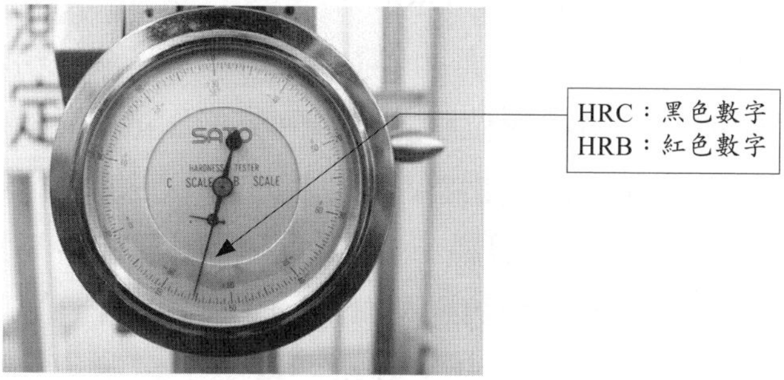

圖4-18(b)　機型（二）

(9) 所有測驗工作完成後請務必歸位，機台保持完好並擦拭檯面，硬度試片繳回監評委員並在規定試卷上作答。

(10)合理的硬度測試答案，HRC 的硬度值應該介於 HRC 48 至 62 之間；HRB 的硬度值應該介於 HRB 73 至 94 之間。謹記上述合理答案，應該可以避免讀錯數字而導致答案錯誤、答案寫顛倒。

【註】硬度值表示方式，以0.5爲單位，採取「2捨3入、7捨8入」的方式。例如硬度測試平均值爲 HRC 54.2，則作答時應填寫 HRC 54，多餘的 0.2 應予捨去；若硬度測試平均值爲 HRC 54.7，作答時填寫 HRC 54.5，多餘的 0.2 應予捨去；若硬度測試平均值爲 HRC 55.8，則應自動進位到 HRC56，作答時應填寫 HRC 56。

4.3 金相組織辨識

1. 鋼鐵材料基本組織（共有六種組織）

判斷訣竅：

(1) 肥粒體：白色晶粒，如網格狀。【好分辨，如圖 4-19(a) 所示】

(2) 波來體：全部晶粒爲層狀組織，爲肥粒體與雪明碳體混合體。【好分辨，如圖 4-19(b) 所示】

(3) 麻田散體：整個區域爲針狀或葉狀組織，腐蝕後組織看起來比較細緻，有時金相腐蝕後顏色會比高溫回火麻田散體要白一些。【可以清楚分辨，如圖 4-19(c) 所示】

(4) 高溫回火麻田散體：與圖 4-19(c)「麻田散體」組織類似，但可以觀察到較明顯的白色顆粒狀，此爲回火麻田散體組織。大部分高溫回火麻田散體腐蝕後的金相看起來顏色會比較深。**較不易分辨，請熟記圖 4-19 其他 5 張金相組織，非那 5 張金相組織者，即爲本選項。**【高溫回火麻田散體金相組織請參考圖 4-19(d) 所示】

(5) 球化組織：小顆粒球狀，分布於整個肥粒體相基地中的金相組織。【好分辨，如圖 4-19(e) 所示】

(6) 網狀雪明碳體：白色網狀雪明碳體，搭配晶粒內可觀察到層狀波來體組織。【好分辨，如圖 4-19(f) 所示，**請注意勿與波來體組織混淆，重點注意晶粒邊界上有無一圈白色網狀組織**】

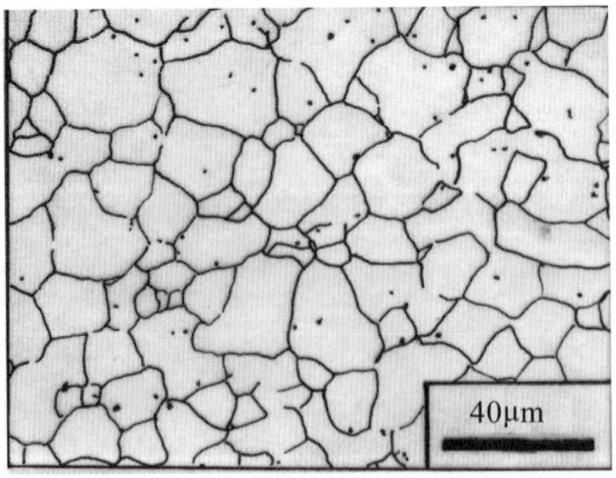

圖4-19(a)　肥粒體金相組織示意圖

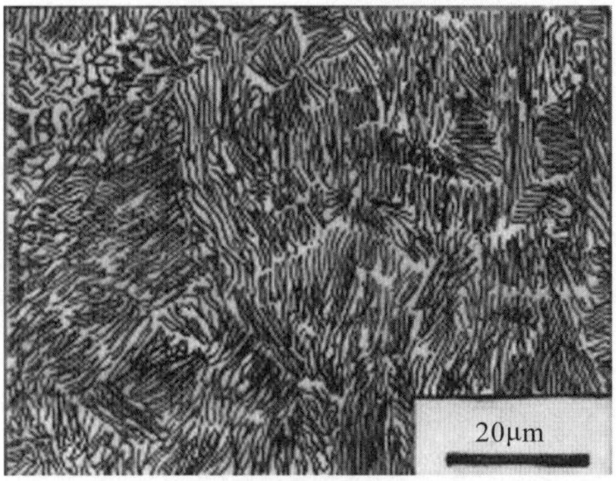

圖4-19(b)　波來體金相組織示意圖

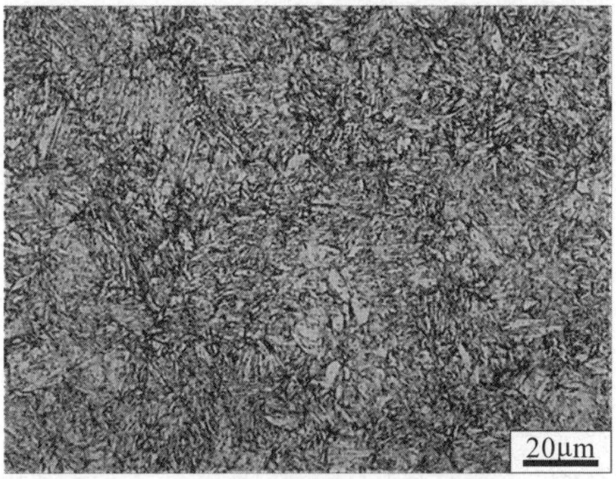

圖4-19(c)　麻田散體金相組織示意圖

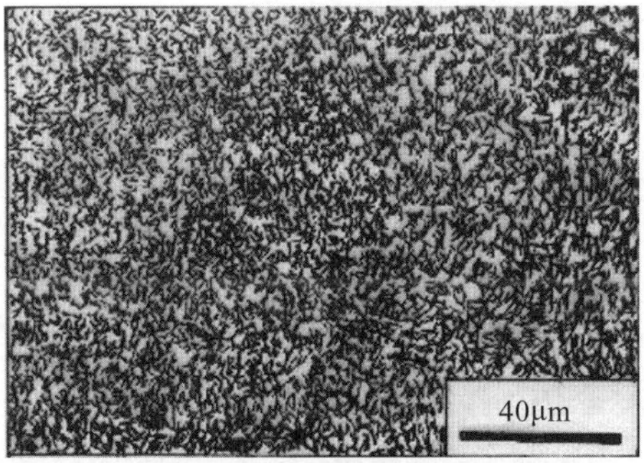

圖4-19(d)　高溫回火麻田散體金相組織示意圖

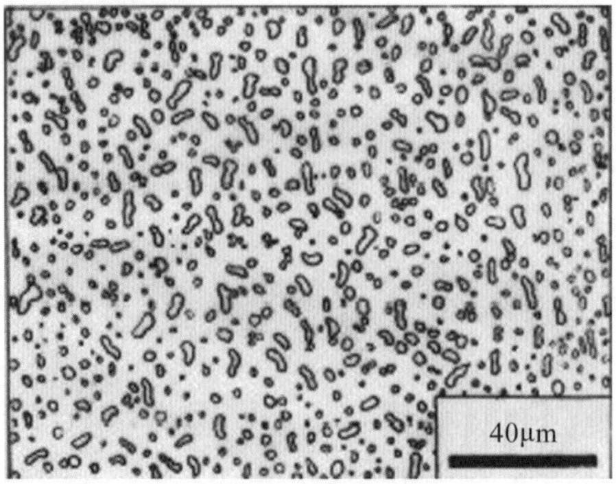

圖4-19(e)　球化組織金相組織示意圖

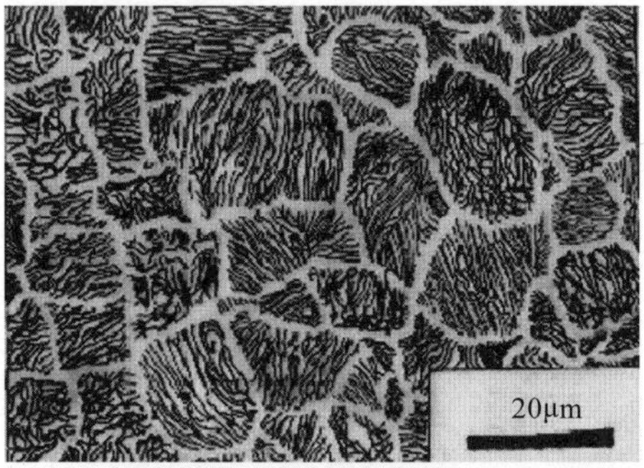

圖4-19(f)　網狀雪明碳體組織金相組織示意圖

2. 經表面處理之組織（共有五種組織）

判斷訣竅：

(1) 滲碳組織（退火）：左邊（試片表面）因爲滲碳的關係而碳含量高、組織顏色較黑；右邊（試片內部）則因碳含量較低而顏色較淡，且會**呈現肥粒體與波來體的結構**，觀察起來組織晶粒會比較明顯粗大。【好分辨，如圖 4-20(a) 所示】

(2) 滲碳組織（淬火）：左邊（試片表面）因爲滲碳的關係而碳含量高、組織顏色較黑；右邊（試片內部）則因碳含量較低而顏色較淡。因爲淬火的緣故，**試片內部（包含表層及內部）可觀察到針狀麻田散體結構**，觀察起來組織會比較細緻。【可以分辨，如圖 4-20(b) 所示】

(3) 高週波硬化組織：試片表面有明顯的黑色硬化層，厚度可達 1 ～ 2mm 以上，通常運用在齒輪或大型軸類工件的表面處理。不易用金相照片表現出硬化層的特徵，所以如果看到**軸或齒輪的工件，且其放大倍率明顯比其他幾張金相照片小很多**，就是高週波表面處理的工件。【可以清楚分辨，如圖 4-20(c) 所示】
(4) 脫碳組織：與圖 4-20(a) 及圖 4-20(b) 相反，左邊（試片表面）因爲脫碳的關係而碳含量低、組織顏色較淡；右邊（試片內部）則因碳含量較高而顏色較黑。【好分辨，如圖 4-20(d) 所示】
(5) 滲氮組織：試片表面有明顯的白色氮化物硬化層，與脫碳組織有明顯的差異。【好分辨，只要看到照片上有明顯的白層，就是氮化處理，如圖 4-20(e) 所示】

圖4-20(a)　滲碳處理（退火）組織金相組織示意圖

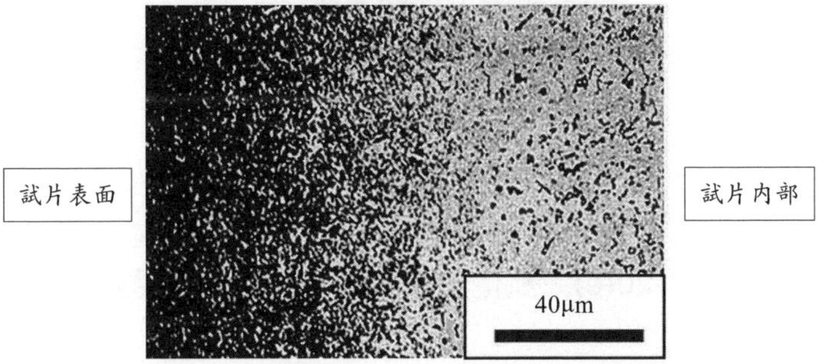

圖4-20(b)　滲碳處理（淬火）組織金相組織示意圖

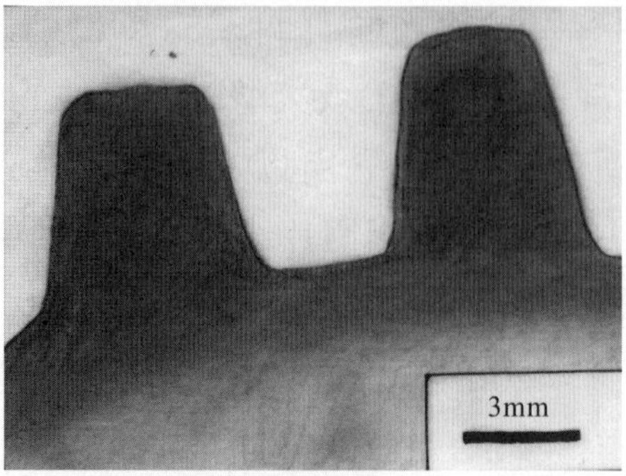

圖4-20(c)　高週波處理組織金相組織示意圖

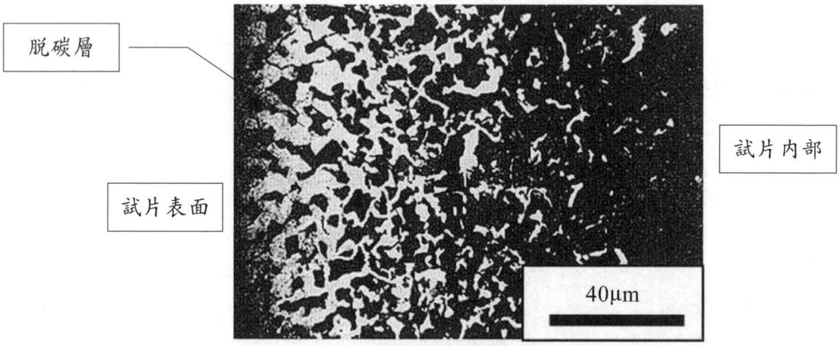

圖4-20(d)　脫碳處理組織金相組織示意圖

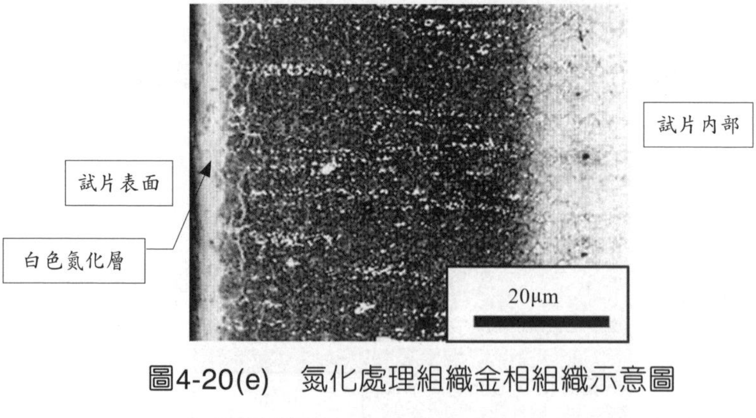

圖4-20(e)　氮化處理組織金相組織示意圖

3. 鑄鐵之組織（共有五種組織）

判斷訣竅：

(1) 灰鑄鐵：金相組織內有明顯**片狀與條狀的石墨**。【好分辨，如圖 4-21(a) 所示】

(2) 白鑄鐵：白色網絡狀雪明碳體，搭配肥粒體及波來體基地。較不易分辨，請熟記其他 4 張鑄鐵金相組織，非那 4 張金相組織，即為本選項。【可以分辨，如圖 4-21(b) 所示】

(3) 球墨鑄鐵（延性鑄鐵）：金相組織基地內可觀察到**黑色顆粒球狀的石墨**，部分可以觀察到「牛眼組織」。【好分辨，如圖 4-21(c) 所示】

(4) 黑心可鍛鑄鐵：白色肥粒體基地，加上**黑色團狀或潑水狀的回火碳**，仔細看並非圓形石墨顆粒狀。【好分辨，如圖 4-21(d) 所示】

(5) 白心可鍛鑄鐵：與圖 4-21(d) 類似，含有大部分白色肥粒體基地，但不是黑色團狀的回火碳，而是**可以觀察少量不規則形狀的區域，顏色呈現灰色**，這個區域由肥粒體與回火碳形成層狀組織（金相看起來不像圖 4-21(d) 那麼黑）。【好分辨，如圖 4-21(e) 所示】

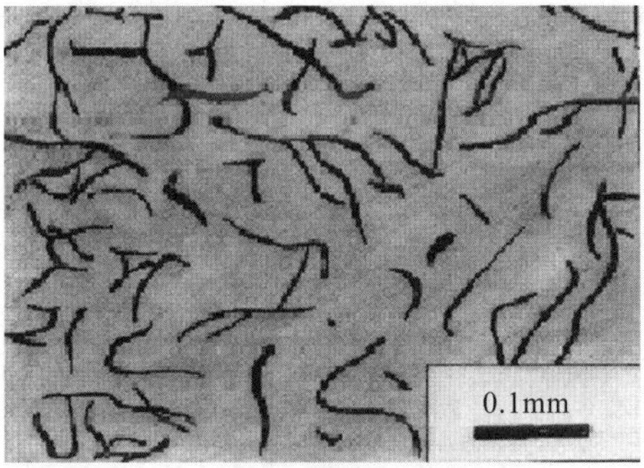

圖4-21(a)　灰鑄鐵組織金相組織示意圖

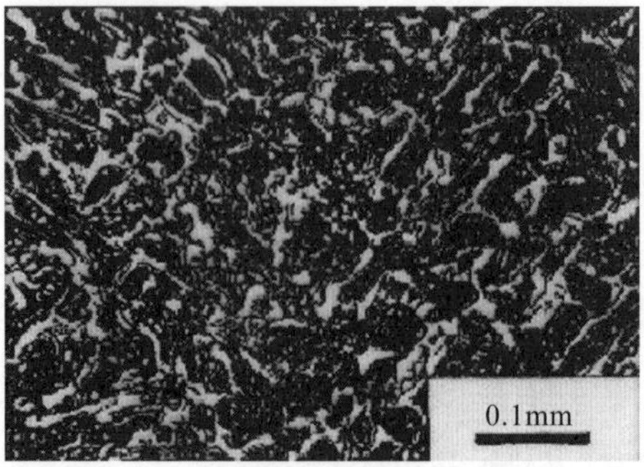

圖4-21(b)　白鑄鐵組織金相組織示意圖

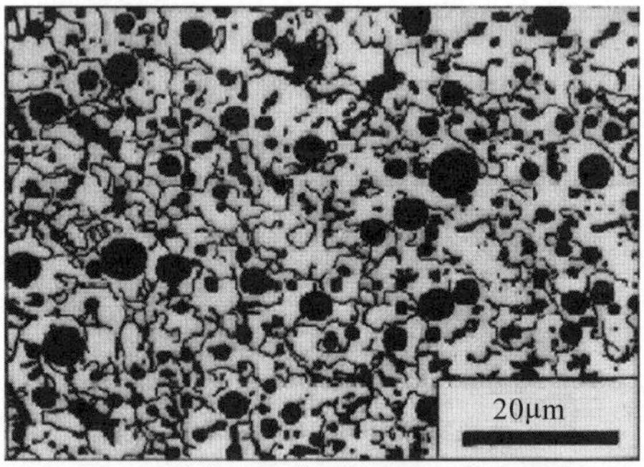

圖4-21(c)　球墨鑄鐵組織金相組織示意圖

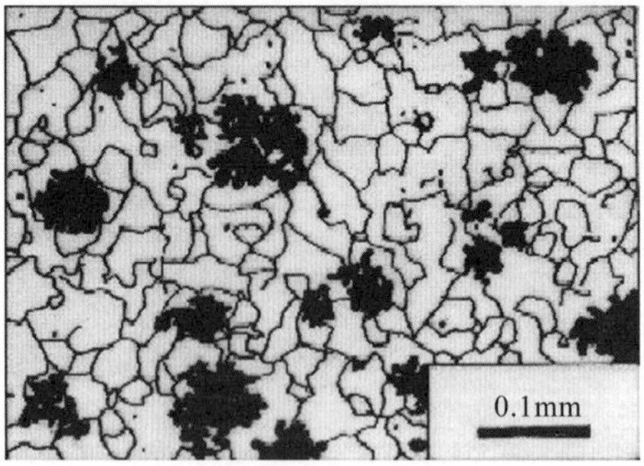

圖4-21(d)　黑心可鍛鑄鐵組織金相組織示意圖

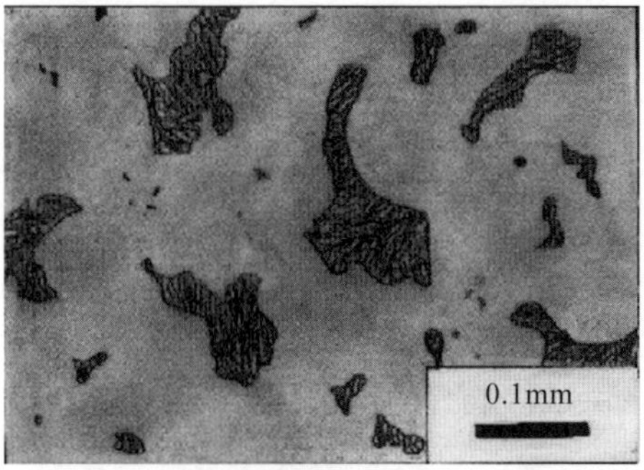

圖4-21(e)　白心可鍛鑄鐵組織金相組織示意圖

4. 金相試片實作與判定（共有十二種組織）

代碼說明：

1：低碳鋼　　A：退火處理

2：中碳鋼　　B：球化處理

3：共析鋼　　C：淬火處理

4：過共析鋼

判斷訣竅：先判斷是退火、球化還是淬火組織

(1) 退火處理組織：【好分辨】

- 基本的組織為肥粒體與層狀的波來體，只要有觀察到灰色區域內的層狀組織（肥粒體與雪明碳體），就是退火處理組織，再**依白色肥粒體與灰色波來體的體積比率來判斷含碳量**。
- 整張金相照片只有三、五顆波來體晶粒，大部分均為白色網格狀肥粒體，則為低碳鋼退火處理 1-A，如圖 4-22(a) 所示。
- 整張金相照片中，肥粒體與波來體晶粒約各佔一半 50% 左右，則為中碳鋼退火處理的金相組織 2-A，如圖 4-22(b) 所示。
- 整張金相照片中，全部都是波來體（請注意此時在**晶粒邊界上並沒有網狀雪明碳體的形成**），則為共析鋼退火處理 3-A，如圖 4-22(c) 所示。
- 整張金相照片中，**晶粒邊界上有明顯網狀雪明碳體加上晶粒內部全**

部均為層狀波來體結構，則為過共析鋼退火處理 4-A，如圖 4-22(d) 所示。

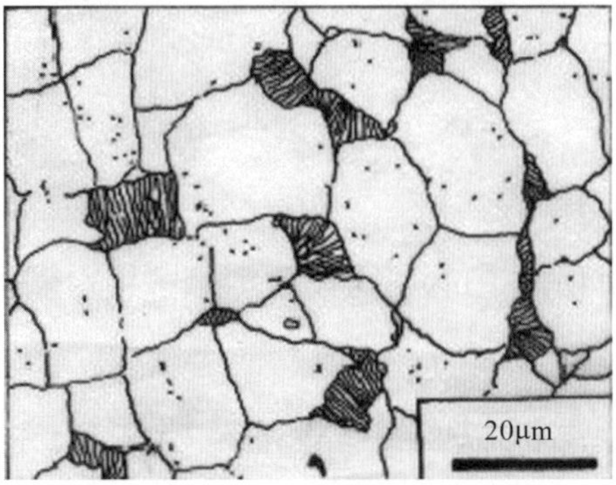

圖4-22(a)　低碳鋼退火狀態金相組織示意圖

【註】退火會有層狀波來體，下張金相照片為中碳鋼之退火組織，肥粒體跟波來體均各佔一半左右。波來體的量少，就是低碳鋼的退火組織；全滿就是共析鋼退火組織；有網狀雪明碳體就是過共析鋼的退火組織。

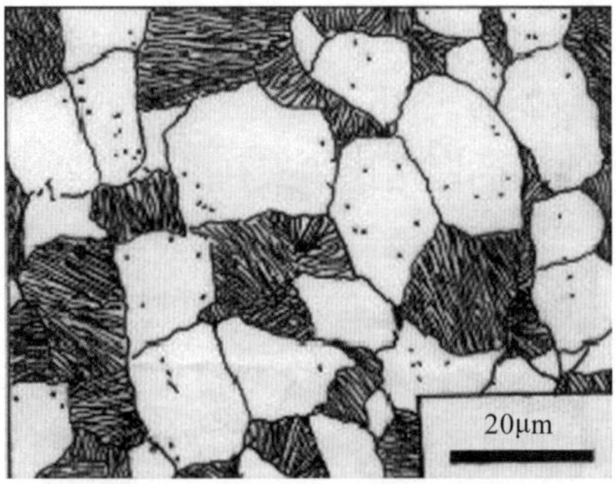

圖4-22(b)　中碳鋼退火狀態金相組織示意圖

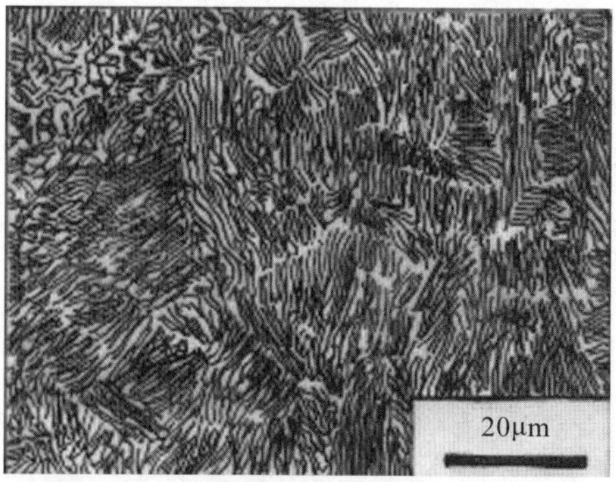

圖4-22(c)　共析鋼退火狀態金相組織示意圖

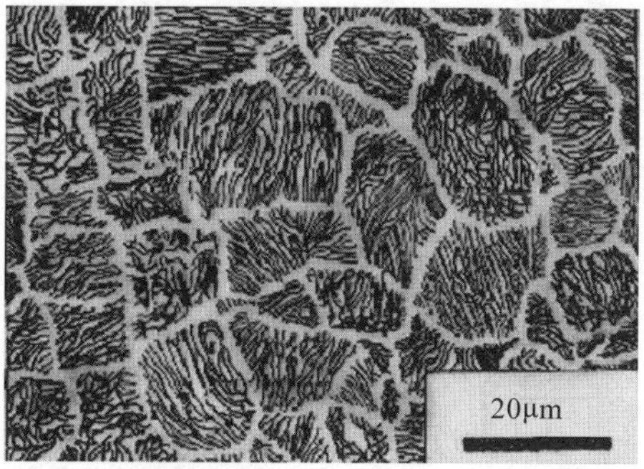

圖4-22(d)　過共析鋼退火狀態金相組織示意圖

(2) 球化處理組織：【可以分辨】

- 整張金相照片有許多晶粒，只有邊界上少許球化顆粒，則爲低碳鋼球化處理 1-B，如圖 4-23(a) 所示。
- 整張金相照片充滿球化顆粒狀雪明碳體，但仍可以看到有明顯的較大面積空白之處，則爲中碳鋼球化處理的金相組織 2-B，如圖 4-23(b) 所示。
- 整張金相照片全部充滿球化顆粒狀雪明碳體，已無法明顯指出哪個區域沒有球化而還有白色的肥粒體組織，則爲共析鋼球火處理的金相組織 3-B，如圖 4-23(c) 所示。【較不易分辨，**可以仔細比對「過共析鋼球火處理」**金相，**這組比較沒有條狀或大顆粒狀的雪明碳體】**

- 整張金相照片全部充滿球化顆粒狀雪明碳體，且白色球化顆粒部分會沿著晶粒邊界長成小條狀（原先的網狀雪明碳體分解，**可以觀察到較多的條狀或片狀雪明碳體**），則為過共析鋼球火處理 4-B，如圖 4-23(d) 所示。【不易分辨】

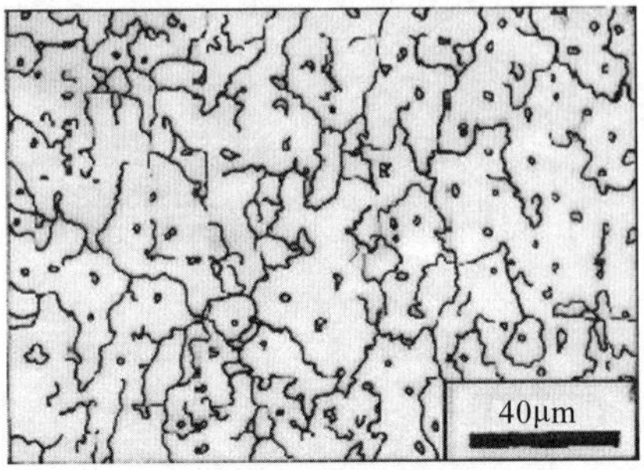

圖4-23(a)　低碳鋼球化處理狀態金相組織示意圖

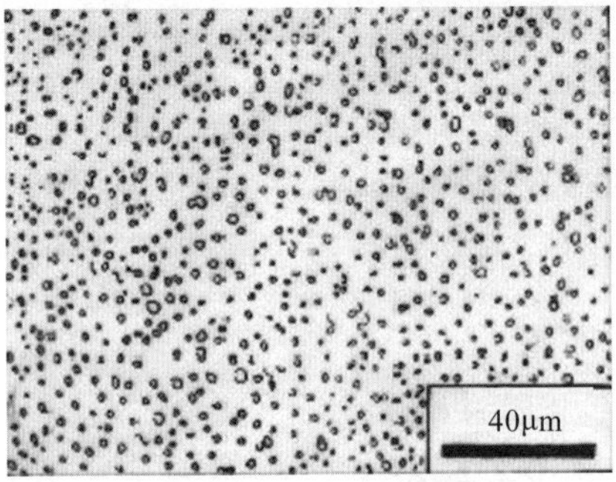

圖4-23(b)　中碳鋼球化處理狀態金相組織示意圖

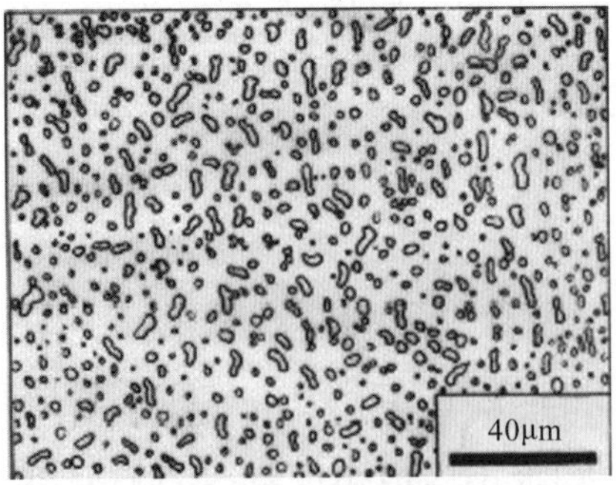

圖4-23(c)　共析鋼球化處理狀態金相組織示意圖

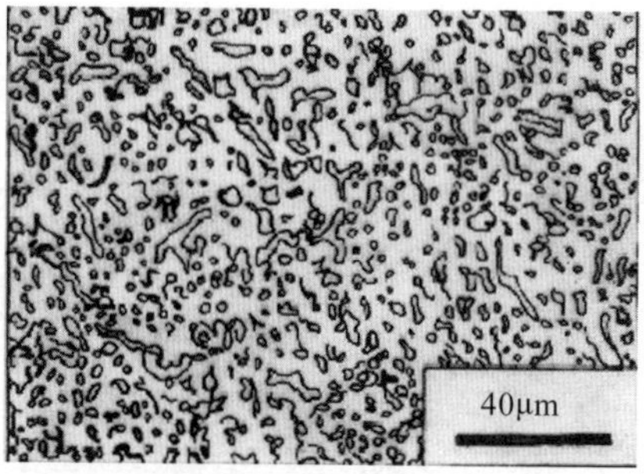

圖4-23(d) 過共析鋼球化處理狀態金相組織示意圖

(3) 淬火處理組織：【好分辨】

- 基本的組織爲**肥粒體與針狀麻田散體結構**，與退火組織有點類似，差異在於一種爲層狀波來體（退火處理時），另一種爲細緻針狀（顏色較黑）的麻田散體（淬火處理時）。
- 訣竅：檢視看看照片中有細緻針狀結構（麻田散體）的區域大小，如果針狀麻田散體結構區域小於一半以上，則爲低碳鋼淬火組織；如果針狀結構區域佔一半左右，那就是中碳鋼淬火；幾乎全部都是細緻針狀麻田散體組織，則爲共析鋼淬火。過共析鋼淬火通常都是整張黑色的麻田散體結構，夾雜許多白色雪明碳體顆粒（好辨認）。
- 整張金相照片只有三、五顆針狀麻田散體晶粒，其餘爲白色肥粒體者，則爲低碳鋼淬火處理 1-C，如圖 4-24(a) 所示。
- 整張金相照片肥粒體與黑色針狀麻田散體晶粒各佔一半左右，則爲中碳鋼淬火處理的金相組織 2-C，如圖 4-24(b) 所示。
- 全部都是均勻的麻田散體組織，則爲共析鋼淬火處理 3-C，如圖 4-24(c) 所示。
- 全部都是均勻的麻田散體組織基地，加上白色雪明碳體顆粒散布於基地中，則爲過共析鋼淬火處理 4-C，如圖 4-24(d) 所示。

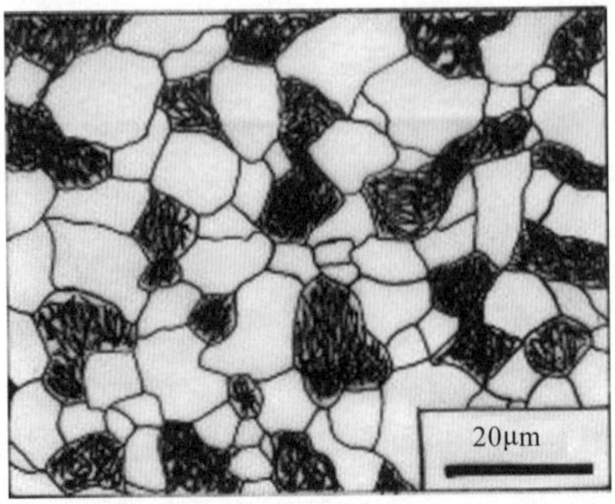

圖4-24(a)　低碳鋼淬火處理狀態金相組織示意圖

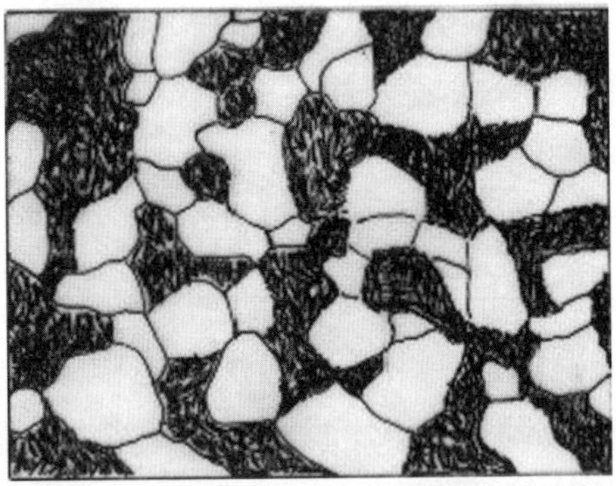

圖4-24(b)　中碳鋼淬火處理狀態金相組織示意圖

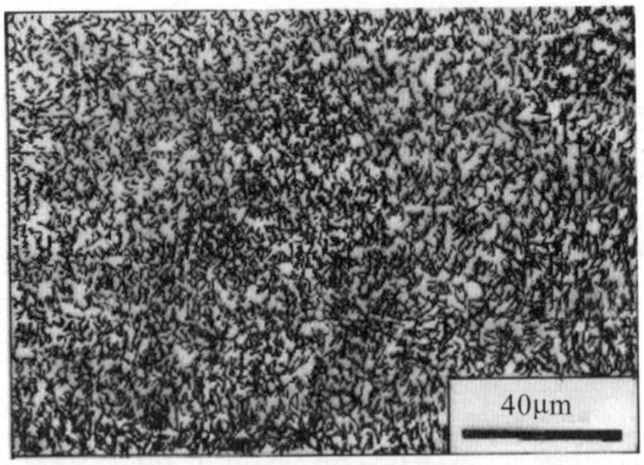

圖4-24(c)　共析鋼淬火處理狀態金相組織示意圖

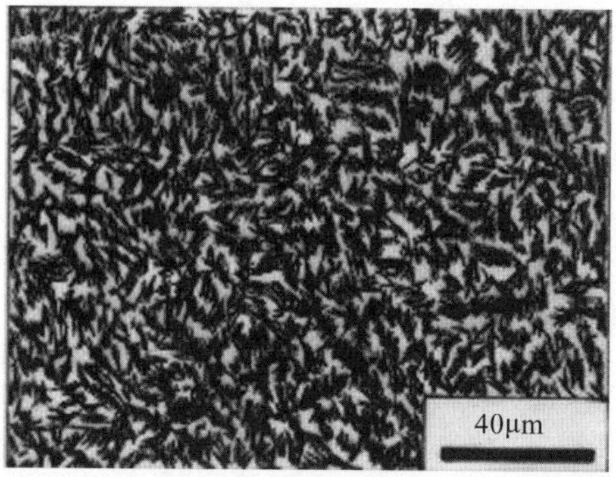

圖4-24(d)　過共析鋼淬火處理狀態金相組織示意圖

4.4　目測爐溫判定

1. 爐溫判定給分標準：

(1)溫度範圍	650℃～	950℃
(2)溫度判定誤差	±20℃	100分
(3)溫度判定誤差	±40℃	80分
(4)溫度判定誤差	±60℃	60分
(5)溫度判定誤差	±80℃	40分
(6)溫度判定誤差	>80℃	0分

2. 簡單爐溫感受示意圖：

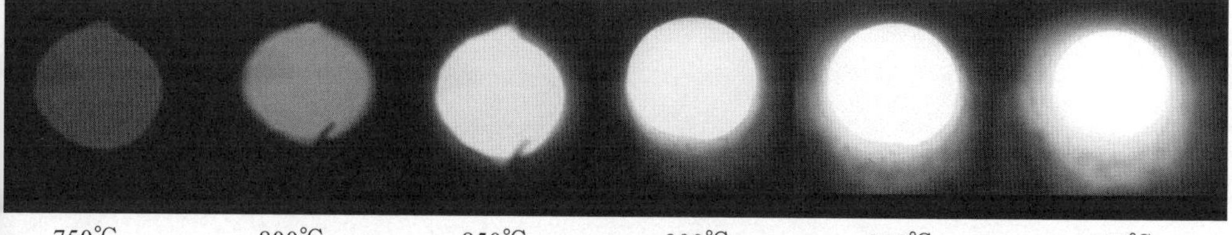

圖4-25　700℃至1000℃目測爐溫測驗示意圖

3. 目測爐溫判定步驟流程：（參閱圖 4-26）

(1) 依監評委員指定前往欲觀測爐溫之電氣爐，每位應檢人必須由四個加熱爐中選出兩個爐子目測爐溫。

(2) 使用螺絲起子撥開觀測視窗。

(3) 眼睛與視窗平行，距離視窗約為 30cm 進行觀測。

(4) 觀測爐溫時，先觀察**觀測視窗的火色與火色位置**，可以做為爐溫判定的參考。例如，火色僅到視窗口內側通道的二分之一，則此時溫度應該在 850℃左右上下；如果撥開視窗，發現火色接近視窗口、內側通道顏色偏亮，擇此時溫度應該已接近 930 ～ 950℃。

(5) 將答案（爐溫）填寫於答案紙上。

(6) 本項目請以您的術科測試場所高溫電器爐勤加練習，80℃以內均有分數，應該以目標差 40℃～ 60℃以內為原則。

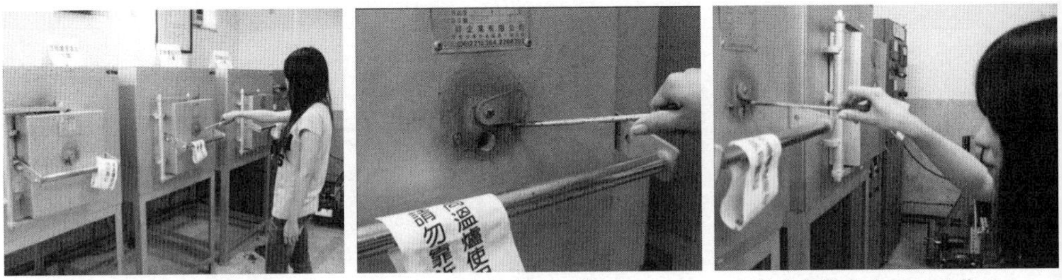

依委員指示前往電氣爐　　撥開觀測視察　　眼睛與視窗平行，距離30cm

圖4-26　目測爐溫判定術科測試的操作示意圖

4.5 熱處理作業程序設定

4.5.1 應考捷徑

1. 淬火及回火作業程序

(1) 淬火溫度：**可依所附的鐵碳平衡圖（圖 4-27）所查出 A_3（亞共析鋼）或 A_1（727℃）（過共析鋼）+70℃**。如 S50C 查 A_3 線點，約 760℃，淬火溫度再加 70℃，作答時可以填寫 830℃左右（SK1 ～ 7，淬火溫度都在 760 ～ 820℃之間）。

(2) 淬火持溫時間：以 **1min/ϕ1mm** 計之，**上限時間爲計算值 × 1.2 倍，下限時間爲計算值 ×0.8 倍**。

如 ϕ30mm，則計算值爲 30 × 1min 等於 30min

上限時間爲 30min × 1.2 = 36min。

下限時間爲 30min × 0.8 = 24min。

即ϕ 30mm 碳鋼材，淬火持溫時間在 24 ～ 36min 間，**測驗時作答填寫平均時間 30min 即可**。

(3) 碳鋼或高碳工具鋼淬火冷卻方法，**全部爲「水淬」作答**。

(4) 回火溫度：**由後面所附的回火性能曲線（圖 4-28）查出之溫度 ± 20℃做答**。如 S50C 材，回火後之硬度爲 HB300，查 HB 曲線上的點，約 480℃（查圖右上邊勃氏硬度及橫軸回火溫度），則答爲 460 ～ 500℃，最好寫平均回火溫度 480℃作答。

(5) 回火保持時間：**（2min/ϕ1mm）+（30 ～ 90min），而答得在 60 ～ 120min** 之間。

- 如工件尺寸直徑 ϕ30mm 時，則回火時間爲 (2min×30) + (30 ～ 60min) = 90 ～ 120min，**建議填寫 105min**。
- 如工件尺寸直徑 ϕ10mm 時，則回火時間爲 (2min × 10) + (40 ～

90min) = 60 ～ 110min，**建議填寫 90min**。

- 如 ϕ 50mm 則，則回火時間爲 (2min×50) + (30 ～ 60min) = 130min，則答案寫 **120min** 就可以，不是 130min，因爲回火時間不宜超過 120 分鐘，建議ϕ 45mm 以上的工件，回火時間都以 120min 作答）。
- 作答以上限、下限的回火時間相加除以 2 最佳。

2. 退火作業程序

(1) 退火溫度：**以考試時所附上的鐵碳平衡圖查出在 A_3 溫度**（亞共析鋼）加 **40**℃或 A_1 溫度（**727**℃）（過共析鋼）加上 **20**℃～ **40**℃**的退火溫度作答**。

- 如 S40C，其退火加熱溫度爲 775℃ + 40℃ = 815℃
- SK5（含碳量爲 0.85% C）則爲 A_1(727 ℃) + (20 ℃ ～ 40 ℃)= 747℃～ 767℃，可以用 760℃作答。

(2) 退火加熱時間：**2min/ ϕ 1mm** 計之，上限時間及下限時間爲計算值 ×（1.5 ～ 0.8）倍，例如ϕ 50mm 的退火時間爲 50×2×0.8 ～ 50×2×1.5 之間，即介於 80 ～ 150 分之間，作答填寫 120 分。

(3) 退火冷卻方法：**均爲「爐冷」的冷卻方式**。

3. 正常化作業程序

(1) 正常化溫度：**亞共析鋼正常化溫度爲 A_3 + 70**℃左右與淬火溫度相同，**但過共析鋼則爲 A_{cm} + 20 ～ 40**℃，如 SK5 材爲 740℃ + 40℃ = 780℃。

(2) 正常化加熱時間與前之淬火時間計算方式相同，**以 1min/ ϕ 1mm 計之，但上限時間爲計算值 ×1.5 倍，下限時間爲計算值 ×0.8 倍**。建議將工件直徑 **×1.2 倍作答**。

(3) 正常化冷卻方法：請填寫「**空冷**」的冷卻方式（靜止的空氣中冷卻）。

4.5.2 舉例說明

1. 範例題目：

(1) 使用電器爐或氣氛加熱爐，冷卻設備在爐外，回火工件在附攪拌扇之電器爐處理。

(2) 試將下列二種工件之熱處理作業程序設定值填入於答案欄（**請參閱 4.5.3 範例一參考答案**）。

試題 A：

材質 SK2（含碳量約 1.20%）。

尺寸：ϕ 25mm，長度 20mm。

數量：1 支。

熱處理要求：調質（淬火、回火）。

硬度要求：HRC60±1。

試設定 (A) 淬火溫度；(B) 淬火溫度持溫時間；(C) 冷卻方法；(D) 回火溫度；(E) 回火持溫時間。

試題 B：

材質 S30C（含碳量約 0.30%）。

尺寸：ϕ 60mm，長度 20mm。

數量：1 支。

熱處理要求：正常化。

試設定 (A) 正常化加熱溫度；(B) 持溫時間；(C) 冷卻方法。

【註】

- 將上述二題目之答案填入答案欄
- 冷卻方法答案：由 (A) 爐冷；(B) 空冷；(C) 油冷；(D) 水冷　選其一。

2. 範例題目

(1) 使用電器爐或氣氛加熱爐，冷卻設備在爐外，回火工件在附攪拌扇之電器爐處理。

(2) 試將下列二種工件之熱處理作業程序設定值填入於答案欄（**請參閱 4.5.3 範例二參考答案**）。

試題 A：

材質 S45C（含碳量約 0.45%）。

尺寸：ϕ 30mm，長度 20mm。

數量：1 支。

熱處理要求：調質（淬火、回火）。

硬度要求：HB300±20。

試設定 (A) 淬火溫度；(B) 淬火溫度持溫時間；(C) 冷卻方法；(D) 回火溫度；(E) 回火持溫時間。

試題 B：

材質 SK5（含碳量約 0.85%）。

尺寸：ϕ 25mm，長度 20mm。

數量：1 支。

熱處理要求：退火。

試設定 (A) 退火加熱溫度；(B) 持溫時間；(C) 冷卻方法。

【註】

- 將上述二題目之答案填入答案欄
- 冷卻方法答案：由 (A) 爐冷 (B) 空冷 (C) 油冷 (D) 水冷　選其一。

4.5.3 參考答案填寫

熱處理丙級技術士技能檢定術科測試答案紙及評分表（範例一）

檢定項目：熱處理作業程序設定

基本資料				
	通知單編號		學科准考證號碼	
	姓名		檢定日期	年 月 日 午
	試題編號			

答案及評分表		評分細項	答案	評分標準	得分	小計	合計	本項目得分
	A題60%	(A) 淬火溫度	790 (℃)	答對 18 分 答錯 0 分				（佔總分之20%，即：合計 ×20%）
		(B) 持火溫度持溫時間	25 (分)	答對 12 分 答錯 0 分				
		(C) 冷卻方法	水冷	答對 6 分 答錯 0 分				
		(D) 回火溫度	230 (℃)	答對 18 分 答錯 0 分				
		(E) 回火持溫時間	100 (分)	答對 6 分 答錯 0 分				
	B題40%	(A) 加熱溫度	860 (℃)	答對 16 分 答錯 0 分				
		(B) 持溫時間	72 (分)	答對 12 分 答錯 0 分				
		(C) 冷卻方法	空冷	答對 12 分 答錯 0 分				
評審長簽章								

【註】填寫的溫度與時間均可以有一個誤差範圍，請依秘笈填寫即可。

熱處理丙級技術士技能檢定術科測試答案紙及評分表（範例二）

檢定項目：熱處理作業程序設定

基本資料	通知單編號		學科准考證號碼	
	姓名		檢定日期	年 月 日 午
	試題編號			

		評分細項	答案	評分標準	得分	小計	合計	本項目得分
答案及評分表	A題60%	(A) 淬火溫度	840 （℃）	答對 18 分 答錯 0 分	18	60	100	（佔總分之 20%，即：合計 ×20%） 20
		(B) 持火溫度持溫時間	30 （分）	答對 12 分 答錯 0 分	12			
		(C) 冷卻方法	水冷	答對 6 分 答錯 0 分	6			
		(D) 回火溫度	500 （℃）	答對 18 分 答錯 0 分	18			
		(E) 回火持溫時間	105 （分）	答對 6 分 答錯 0 分	6			
	B題40%	(A) 加熱溫度	770 （℃）	答對 16 分 答錯 0 分	16	40		
		(B) 持溫時間	60 （分）	答對 12 分 答錯 0 分	12			
		(C) 冷卻方法	爐冷	答對 12 分 答錯 0 分	12			
評審長簽章								

【註】填寫的溫度與時間均可以有一個誤差範圍，請依秘笈填寫即可。

熱處理作業程序參考資料（一）

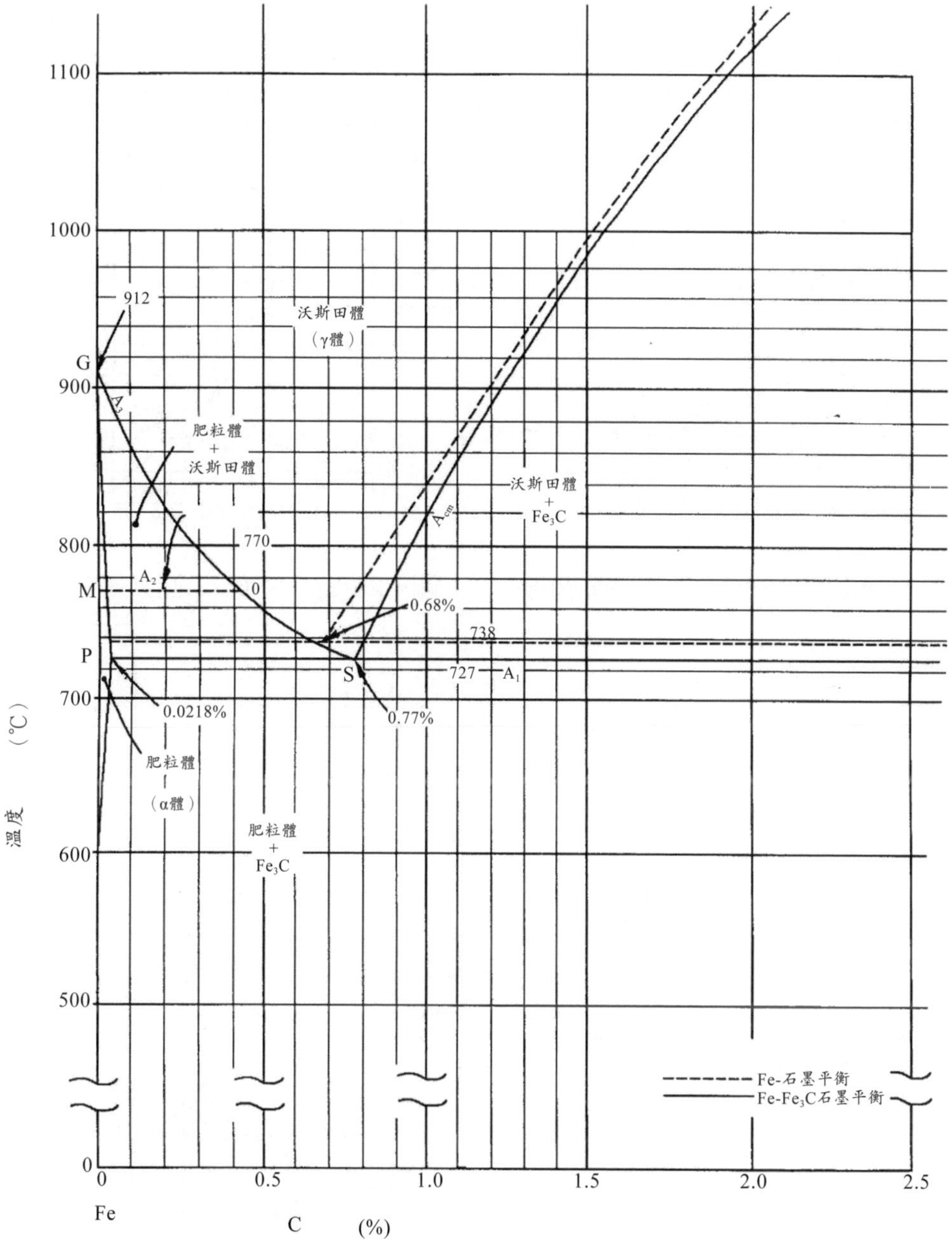

圖4-27 Fe-Fe_3C平衡相圖

處理程序設定用碳鋼之回火性能曲線

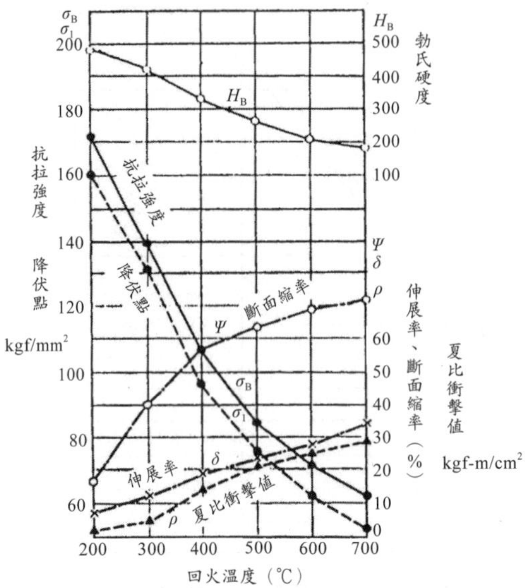

圖4-28(a) S30C之回火性能曲線

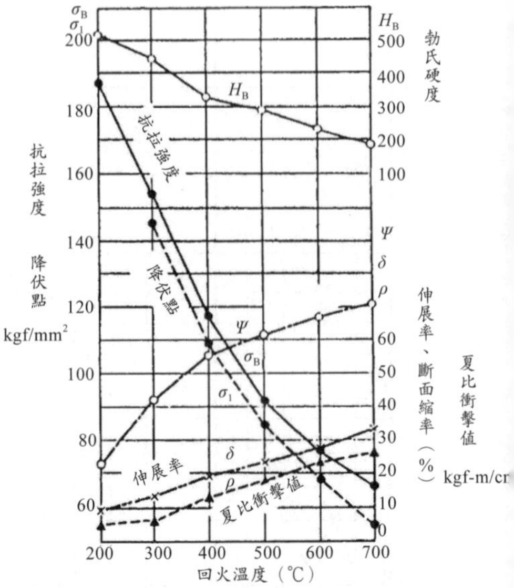

圖4-28(b) S35C之回火性能曲線

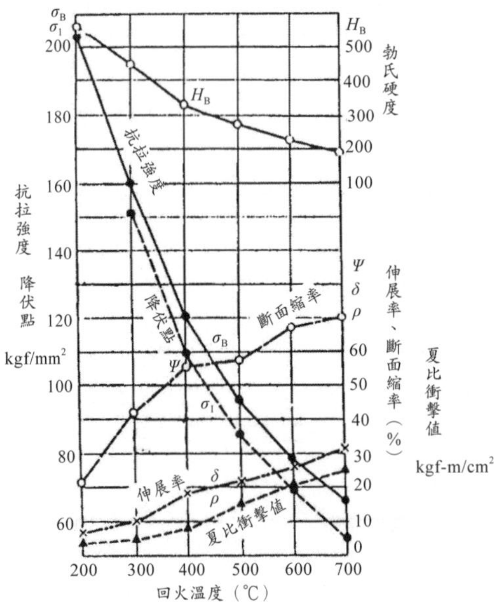

圖4-28(c) S40C之回火性能曲線

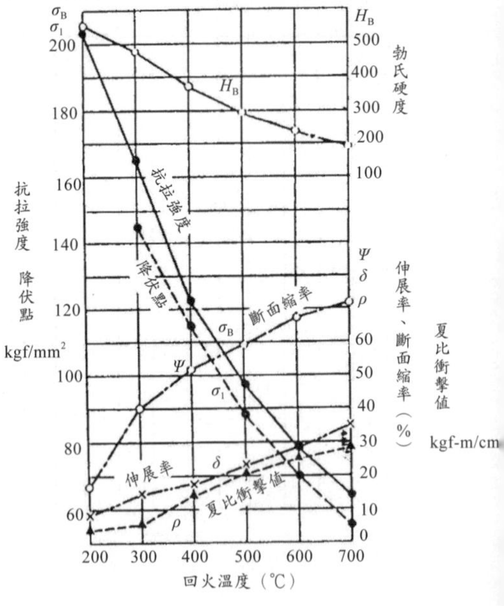

圖4-28(d) S45C之回火性能曲線

熱處理程序設定用碳鋼之回火性能曲線

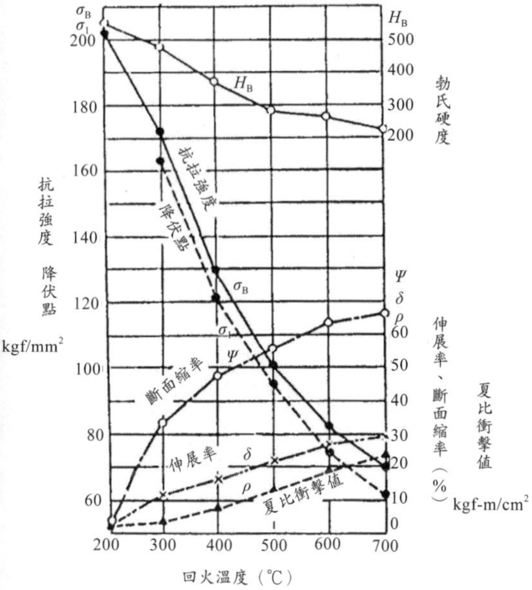

圖4-28(e)　S50C之回火性能曲線

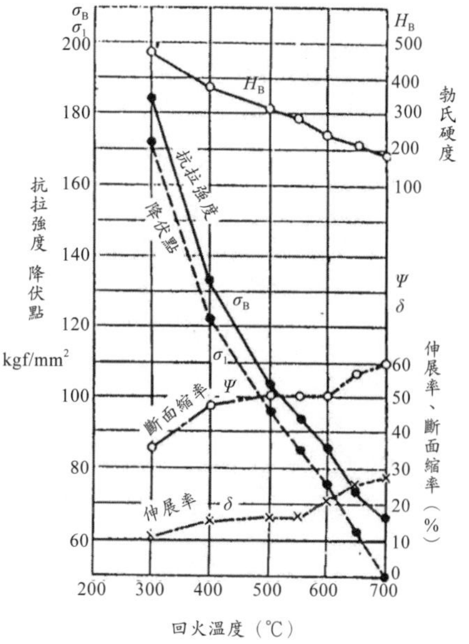

圖4-28(f)　S55C之回火性能曲線

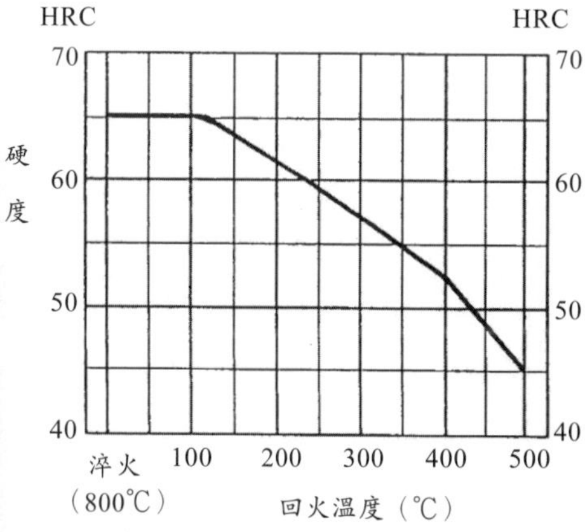

圖4-28(g)　SK2之回火性能曲線

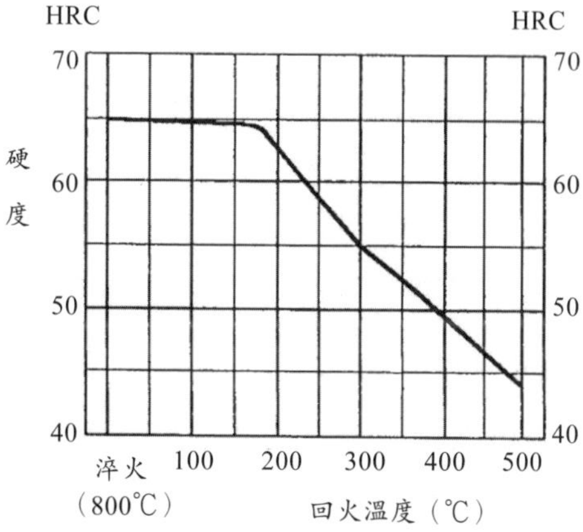

圖4-28(h)　SK5之回火性能曲線

附錄

熱處理職類丙級技術士證照學科範圍

學習重點

- 鋼鐵材料之組織與變態
- 基本的熱處理方法
- 加熱及冷卻裝置的種類、構造、功能及操作方法
- 前處理及後處理方法
- 金屬材料的種類、成份、性質及用途
- 材料試驗
- 機械加工法
- 製圖
- 電工
- 環保及安全衛生

鋼鐵材料之組織與變態

1. 鐵碳平衡圖

需具備下列一般知識：

(1) 鐵碳平衡圖中主要之線條及交點名稱、組成與溫度。

(2) 共晶反應、共析反應。

(3) 下列用語之定義：

- A_1。
- A_3。
- A_{cm}。
- 亞共析、共析、過共析。

2. 組織與特徵

需具備下列概略知識：

(1) 鋼鐵材料之組織：

- 肥粒體（Ferite）。
- 雪明碳體（Cementite Fe_3C）。
- 碳化物（Carbide）。
- 波來體（Pearlite）。

(2) 由熱處理所衍生的組織：

- 沃斯田體（Austenite）。
- 麻田散體（Martensite）。
- 回火麻田散體（Tempered Martensite）。

3. 加熱及冷卻曲線

需具備下列概略知識：

(1) 恒溫變態曲線（TTT 或 IT 曲線）。

(2) 連續冷卻變態曲線（CCT 或 CT 曲線）。

4. 硬化能

需具備下列概略知識：

(1) 下列用語的定義：

- 喬米尼端面淬火試驗（Jominy End Quench Test）。
- 質量效應。
- 硬化能及其表示法。

(2) 合金元素對鋼之硬化能的影響。

基本的熱處理方法

1. 以材料別分類

具備下列有關機械構造用碳鋼及機械構造用合金鋼之熱處理目的及方法的一般知識。

(1) 正常化。

(2) 退火。

(3) 淬火。

(4) 回火。

具備下列有關碳工具鋼、合金工具鋼、彈簧鋼及軸承鋼之熱處理目的及方法的一般知識。

(1) 退火。

(2) 球化退火。

(3) 淬火。

(4) 回火。

具備下列有關鋁合金及銅合金之熱處理目的及方法之概略知識。

(1) 固溶化處理。

(2) 析出硬化處理。

2. 以作業方法分類

需具備下列概略知識：

(1) 輝面熱處理。

(2) 滲碳處理。

(3) 滲氮處理。

(4) 高週波熱處理。

(5) 火焰硬化熱處理。

具備下列與熱浴熱處理相關之概略知識：

(1) 預熱（工件之乾燥）。

(2) 鹽浴之種類及特徵。

加熱及冷卻裝置的種類、構造、功能及操作方法

需具備以下概略知識：

1. 加熱裝置

(1) 電爐。

(2) 瓦斯爐。

(3) 重油爐及輕油爐。

(4) 熱浴爐。

(5) 眞空爐。

(6) 保護氣體爐。

(7) 流體床爐。

(8) 高週波加熱裝置。

(9) 火焰加熱裝置。

2. 加熱裝置所使用之有關熱源種類、性質及特徵。

3. 加熱爐所使用之有關爐材種類、性質及特徵。

4. 加熱及冷卻設備裝入及取出工件之一般知識。

5. 冷卻裝置之構造、功能及操作方法：
   (1) 強制氣冷裝置。
   (2) 水冷裝置。
   (3) 油冷裝置。
   (4) 熱浴冷卻裝置。
   (5) 噴射冷卻裝置。

前處理及後處理方法

需具備下列之概略知識：

1. 酸洗。
2. 脫脂。
3. 噴砂。
4. 防銹。

金屬材料的種類、成份、性質及用途

1. 具備下列各鋼種之 CNS、JIS、AISI/SAE 規格及主要成份、性質與用途之一般知識：
   (1) 機械構造用碳鋼。
   (2) 機械構造用合金鋼。
   (3) 不銹鋼。
   (4) 碳工具鋼。
   (5) 合金工具鋼。
   (6) 高速鋼。
2. 具備下列一般非鐵金屬（鋁、銅）規格之主要成份、性質與用途之概略知識：
   (1) 鋁合金：

- 鋁－銅合金。
- 鋁－銅－鎂合金。
- 鋁－鎂－矽合金。
- 鋁－鋅－鎂合金。
- 鋁－鋅－鎂－銅合金。

(2) 銅合金：
- 黃銅。
- 青銅。
- 磷青銅。
- 鈹銅。

3. 具備下列有關受熱處理影響之金屬材料性質的一般知識：

(1) 硬度。

(2) 降伏強度。

(3) 抗拉強度。

(4) 伸長率。

(5) 耐衝擊性。

材料試驗

1. 機械性質試驗

具備下列有關硬度試驗之一般知識。

(1) 下列硬度試驗機之使用法：
- 勃氏（Brinell）硬度試驗機。
- 維克氏（Vickers）硬度試驗機。
- 微硬度（Micro Hardness）試驗機。
- 洛氏（Rockwell）硬度試驗機。
- 蕭氏（Shore）硬度試驗機。

(2) 具備下列有關材料試驗之目的及方法的概略知識
- 抗拉試驗。
- 衝擊試驗。
- 火花試驗。

2. 金相試驗

具備金相試驗目的及方法的概略知識。

機械加工法

主要切削工具機的用途，需具備下列有關工具機之用途的概略知識。

1. 車床。
2. 銑床。
3. 磨床。
4. 鑽床。

製圖

具備下列有關 CNS 製圖規範之概略知識。

1. 下列之圖示法：
   (1) 投影及截面。
   (2) 線之種類。
   (3) 尺寸標示法。
   (4) 加工符號。
   (5) 加工法之符號。
2. 公差配合之用語。

電工

具備下列電工用語之概略知識：

1. 電流。
2. 電壓。
3. 電阻。
4. 電功率。
5. 週波數。

環保及安全衛生

1. 環境污染防治法規

   具備環境污染防治法規（與金屬熱處理作業有關部份）之概略知識。

2. 有關安全衛生之知識

   (1) 具備下列有關金屬熱處理作業之安全衛生之概略知識：
   - 機械工具、物料及氣體等之危險性及其處理方法。
   - 安全裝置有害物抑制裝置或保護裝置之性能及其處理方法。
   - 作業標準。
   - 作業開始時之檢查。
   - 金屬熱處理作業可能引發作業人員之疾病的原因及其預防。
   - 整理整頓及清潔的保持。
   - 事故發生時之緊急處理。
   - 其他有關金屬熱處理作業之安全衛生的必要事項。

   (2) 具備勞工安全衛生法相關法令（與金屬熱處理作業有關部份）之概略知識。

02100 熱處理 丙級 工作項目 01：鋼鐵材料之組織與變態

1. (4) 共析鋼的含碳量約為 ①0.022% ②2.11% ③6.69% ④0.77% 。

2. (4) 亞共析鋼在常溫之完全退火組織為 ①波來體＋雪明碳體 ②波來體 ③肥粒體 ④肥粒體＋波來體 。

3. (2) 共析鋼在常溫之完全退火組織為 ①肥粒體 ②波來體 ③肥粒體＋波來體 ④雪明碳體＋肥粒體 。

4. (3) 碳鋼之 A_1 變態溫度為 ①230℃ ②912℃ ③727℃ ④1538℃ 。

5. (1) 純鐵沒有 ①A_1 ②A_2 ③A_3 ④A_4 變態。

6. (4) 下列何者的變態溫度是隨含碳量增加而降低 ①A_2 ②A_1 ③Acm ④A_3 。

7. (3) 純鐵的 A_3 變態溫度為 ①230℃ ②727℃ ③912℃ ④1410℃ 。

8. (2) 含碳量 1.0%之碳鋼是屬於 ①亞共析鋼 ②過共析鋼 ③共析鋼 ④低碳鋼 。

9. (3) 過共析鋼之常溫完全退火組織為 ①肥粒體＋波來體 ②波來體 ③波來體＋雪明碳體 ④肥粒體 。

10. (2) 碳鋼之含碳量為 ①小於 0.022% ②0.022～2.11% ③2.11%～4.3% ④4.3～6.69% 。

11. (3) 鑄鐵之共晶溫度為 ①727℃ ②912℃ ③1148℃ ④1538℃ 。

12. (4) 下列資料何者無法從鐵碳平衡圖得到 ①溫度 ②成份 ③組織 ④硬度 。

13. (4) 純鐵由 α 體→ γ 體之變態稱為 ①A_1 ②A_2 ③Acm ④A_3 。

14. (4) 純鐵之熔點約為 ①912℃ ②1148℃ ③1394℃ ④1538℃ 。

15. (2) A_1 變態是屬於 ①包晶 ②共析 ③共晶 ④偏晶 反應。

16. (3) 共晶鑄鐵之含碳量約 ①2.11% ②0.77% ③4.3% ④6.69% 。

17. (2) 亞共晶鑄鐵之含碳量約 ①0.022%～2.11%（不含） ②2.11%～4.3%（不含） ③4.3% ④4.3%（不含）～6.69% 。

18. (1) 共析反應是 ①$S_1 \rightarrow S_2 + S_3$ ②$L_1 \rightarrow S_1 + S_2$ ③$L_1 \rightarrow L_2 + S_1$ ④$L_1 \rightarrow L_2 + L_3$ 其中 S_1，S_2，S_3 表示固相，L_1，L_2，L_3 表示液相。

19. (4) 下列何者的變態溫度是隨含碳量增加而昇高 ①A_1 ②A_2 ③A_3 ④Acm 。

20. (2) 亞共析鋼加熱至 A_1 以上，A_3 以下之間溫度下得到之組織為 ①沃斯田體 ②沃斯田體＋肥粒體 ③肥粒體＋雪明碳體 ④雪明碳體 。

21. (3) 在鐵碳平衡圖中，下列何種組織不會出現 ①肥粒體 ②波來體 ③麻田散體 ④沃斯田體 。

22. (4) 鐵碳平衡圖中橫座標代表 ①溫度 ②組織 ③時間 ④成份 。

23. (3) 下列元素何者會使鐵碳平衡圖中沃斯田體區域變窄 ①Ni ②Cu ③Cr ④Mn 。

24. (4) 下列元素何者會使鐵碳平衡圖中沃斯田體區域擴大 ①Cr ②Si ③Co ④Ni 。

25. (2) 鑄鐵中熔點最低者為 ①亞共晶鑄鐵 ②共晶鑄鐵 ③過共晶鑄鐵 ④白鑄鐵 。

26. (2) S45C 是一種 ①高碳鋼 ②亞共析鋼 ③共析鋼 ④低碳鋼 。

27. (3) 鑄鐵之含碳量約為 ①小於 0.025% ②0.025～2% ③2.11%～6.69% ④6.69%以上 。

28. (3) 過共析鋼加熱至 A_1 以上，Acm 以下之間之溫度可能得到組織是 ①沃斯田體 ②沃斯田體＋肥粒體 ③沃斯田體＋雪明碳體 ④波來體＋肥粒體 。

29. (2) 肥粒體最大碳固溶量約在 ①230℃ ②727℃ ③770℃ ④1148℃ 。

30. (3) 沃斯田體最大碳固溶量約在 ①230℃ ②727℃ ③1148℃ ④1394℃ 。

31. (1) 鐵碳平衡圖中 Ao 變態溫度約為 ①230℃ ②727℃ ③770℃ ④1148℃ 。

32. (4) 鐵碳平衡圖中沒有那一種反應 ①共晶 ②包晶 ③共析 ④偏晶 。

33. (4) 純鐵由 $\gamma \rightarrow \delta$ 之變態稱為 ①A_1 ②A_2 ③A_3 ④A_4 。

34. (3) 在鐵碳平衡圖中，α 固溶體稱為 ①沃斯田體 ②麻田散體 ③肥粒體 ④波來體 。

35. (1) 雪明碳體是 ①化合物 ②混合物 ③固溶體 ④鐵的同素異形體 。

36. (3) 沃斯田體是 ①化合物 ②混合物 ③固溶體 ④溶液 。

37. (2) 波來體是 ①化合物 ②混合物 ③固溶體 ④鐵的同素異形體 。

38. (3) 肥粒體最大的碳固溶量約為 ①6.69% ②0.77% ③0.022% ④2.11% 。

39. (1) 肥粒體的結晶構造為 ①B.C.C. ②H.C.P ③F.C.C. ④B.C.T. 。

40. (3) 沃斯田體的結晶構造為 ①B.C.C. ②H.C.P ③F.C.C. ④B.C.T. 。

41. (3) 下列有關麻田散體特性之敘述何者錯誤 ①硬 ②脆 ③結晶構造為 B.C.C. ④殘留應力高 。

42. (2) 肥粒體是體心立方格子，其單位格子之鐵原子數目共有 ①1 ②2 ③4 ④6 個。

43. (3) 沃斯田體是面心立方格子，其單位格子之鐵原子數目共有 ①1 ②2 ③4 ④6 個。

44. (2) 純鐵從 α 體變態成為 γ 體時會發生 ①膨脹 ②收縮 ③不膨脹也不收縮 ④磁性變強 。

45. (3) 下列有關沃斯田體之敘述何者錯誤 ①高溫時屬於安定相 ②能固溶最大碳固溶量約為 2.11% ③其結晶構造為 B.C.C. ④質軟延性佳 。

46. (4) 淬火時必須先將鋼料加熱至高溫使組織形成 ①雪明碳體 ②麻田散體 ③波來體 ④沃斯田體 。

47. (4) 下列何者不是固溶體 ①肥粒體 ②沃斯田體 ③麻田散體 ④雪明碳體 。

48. (2) 鋼經淬火回火後所得到之組織 ①麻田散體 ②回火麻田散體 ③波來體 ④沃斯田體 。

49. (4) 麻田散體之結晶構造是 ①F.C.C. ②B.C.C ③H.C.P. ④B.C.T. 。

50. (3) 沃斯田體最大碳固溶量約為 ①0.022% ②0.77% ③2.11% ④6.69% 。

51. (1) 碳鋼之高溫回火麻田散體本質上包含那二相 ①肥粒體、雪明碳體 ②沃斯田體、波來體 ③波來體、肥粒體 ④波來體、變韌體 。

52. (4) 下列何者組織最硬 ①肥粒體 ②麻田散體 ③波來體 ④雪明碳體 。

53. (4) 下列何者組織延展性最佳 ①麻田散體 ②雪明碳體 ③波來體 ④肥粒體 。

54. (2) 波來體是由那二相構成之層狀組織 ①沃斯田體＋雪明碳體 ②肥粒體＋雪明碳體 ③麻田散體＋雪明碳體 ④變韌體＋雪明碳體 。

55. (2) 沃斯田體一般用那一種符號表示 ①α ②γ ③β ④δ 。

56. (3) 雪明碳體的含碳量約為 ①0.022% ②2.11% ③6.69% ④4.3% 。

57. (2) 碳鋼中唯一的碳化物是 ①波來體 ②雪明碳體 ③麻田散體 ④回火麻田散體 。

58. (2) 雪明碳體的化學式為 ①Fe_2C ②Fe_3C ③Fe_4C ④Fe_2C_3 。

59. (2) 恒溫變態曲線圖簡稱 ①T.T.C 圖 ②T.T.T 圖 ③C.C.T 圖 ④C.T.T 圖 。

60. (1) 連續冷卻變態曲線圖簡稱 ①C.C.T 圖 ②T.T.T 圖 ③T.T.C 圖 ④C.T.T 圖 。

61. (2) 實施沃斯回火時，需參考何種重要曲線圖 ①鐵碳平衡圖 ②T.T.T 圖 ③C.C.T 圖 ④冷卻曲線圖 。

62. (3) 鋼之 Ms 變態溫度受下列何者因素影響最大？ ①冷卻速率 ②加熱速率 ③成份 ④加熱溫度 。

63. (3) 在 T.T.T 圖中，麻田散體開始變態之曲線用 ①Ps ②Bs ③Ms ④M_f 表示。

64. (2) 在 T.T.T 圖中波來體變態完成之曲線用 ①Ps ②P_f ③Ms ④Bs 表示。

65. (2) 在 T.T.T 圖中，縱軸是代表 ①時間 ②溫度 ③硬度 ④成份 。

66. (2) 鋼之一般淬火，下列何者資料最有用？ ①T.T.T 圖 ②C.C.T 圖 ③硬化能曲線圖 ④冷卻曲線圖 。

67. (2) T.T.T 圖中橫座標是代表 ①溫度 ②時間 ③組織 ④硬度 。

68. (2) 共析鋼之 C.C.T 圖中，決定臨界冷速是 ①肥粒體鼻部 ②波來體鼻部 ③變韌體鼻部 ④麻田散體鼻部 。

69. (2) 下列因素何者可使碳鋼增加硬化能 ①晶粒變細 ②添加 Mn 元素 ③加快冷速 ④降低含碳量 。

70. (1) 下列材料何者質量效應較大？ ①S40C ②S60C ③Cr-Mo 合金鋼 ④Ni-Cr-Mo 合金鋼 。

71. (4) 下列材料何者硬化能較佳 ①S10C ②S45C ③S60C ④高速鋼 。

72. (2) 喬米尼(Jominy)端面淬火所用之試驗棒直徑約 ①12.5mm ②25mm ③50mm ④75mm 。

73. (1) 下列合金元素何者不會增加硬化能？ ①Co ②Ni ③Cr ④Mo 。

74. (1) 鋼之硬化能受下列何種因素影響最大 ①化學組成 ②冷卻速率 ③加熱速率 ④加熱溫度 。

75. (4) 鋼料實施喬米尼(Jominy)端面淬火試驗的目的，是為測試該材料的 ①硬度 ②延展性 ③強度 ④硬化能 。

76. (2) 喬米尼(Jominy)端面淬火硬化能曲線圖，其縱座標為 ①強度 ②硬度 ③韌性 ④延伸率 。

77. (2) 喬米尼(Jominy)端面淬火硬化能用 J_{10}＝HRC40 表示，其中 10 代表 ①硬度為 10 ②離端面 10mm ③直徑為 10mm ④離噴水高度為 10mm 。

78. (4) 下列因素何者與鋼之硬化能無關 ①化學成份 ②沃斯田鐵晶粒大小 ③鋼材原組織 ④鋼材原硬度 。

79. (1) 喬米尼(Jominy)端面淬火時，噴水的自由高度為 ①65±10mm ②75±10mm ③85±10mm ④95±10mm 。

80. (3) 下列有關麻田散體特性之敘述何者錯誤 ①硬度高 ②脆性大 ③結晶構造為面心立方格子 ④殘留應力高 。

81. (1) 共析鋼加熱至 A_1 上方 50˚C 會形成何種組織 ①沃斯田體 ②沃斯田體+肥粒體 ③肥粒體+雪明碳體 ④雪明碳體 。

82. (4) 碳鋼淬火是為了得到何種組織 ①肥粒體 ②波來體 ③沃斯田體 ④麻田散體 。

83. (1) 含碳量在 0.77%的碳鋼，待冷至常溫時，其組織為 ①全部成為波來體 ②全部為麻田散體 ③波來鐵與雪明碳體 ④波來鐵與麻田散體 。

84. (1) 雪明碳體 Fe_3C 失去磁性的變態點稱為 ①A_0 ②A_1 ③A_2 ④A_3 變態點。

85. (2) 碳鋼之 T.T.T.圖又可稱作 ①P 曲線 ②S 曲線 ③N 曲線 ④M 曲線 圖。

86. (4) 鋅、鎂、鈦之晶體組織為六方稠密（H.C.P.），其單位晶體格子之原子數目為 ①1 ②2 ③4 ④6 個。

87. (3) 過共析鋼之淬火處理須將溫度加熱到 ①Acm ②Ac_3 ③Ac_1 ④A_2 上方 30~50 ˚C。

88. (2) 共晶反應是 ①S1→S2+S3 ②L1→S1+S2 ③L1→L2+S1 ④L1→L2+L3 。

89. (2) A_2 變態溫度為 ①727℃ ②770℃ ③912℃ ④1148℃ 。

90. (1) A_2 變態溫度為 ①沃斯田體的磁性變態點 ②雪明碳體的磁性變態點 ③沃斯田體的相變態點 ④肥粒體的相變態點 。

91. (3) 何者的變態溫度是隨含碳量增加而下降？ ①A_1 ②A_2 ③A_3 ④A_{cm} 。

92. (2) 低碳鋼的碳含量範圍為 ①0.77 %C。

93. (3) 中碳鋼的碳含量範圍為 ①0.77 %C。

94. (4) 高碳鋼的碳含量範圍為 ①0.6 %C。

95. (1) 純鐵的碳含量範圍為 ①0.77 %C。

96. (1) 淬火麻田散體是 ①BCT 結構 ②HCP 結構 ③ FCC 結構 ④BCC 結構 。

97. (3) 正常化處理可使機械構造用碳鋼 ①硬化 ②軟化 ③晶粒微細化 ④晶粒粗大化 。

98. (1) 下列何種組織強度最弱 ①肥粒體 ②波來體 ③麻田散體 ④雪明碳體 。

99. (4) 下列何種組織強度最高 ①肥粒體 ②波來體 ③變韌體 ④麻田散體 。

100. (4) 下列何種組織最具韌性 ①肥粒體 ②波來體 ③雪明碳體 ④高溫回火麻田散體 。

101. (4) 下列何種組織最具耐磨性 ①波來體 ②變韌體 ③麻田散體 ④雪明碳體 。

102. (1) 鋼料長時間低溫退火(例如 700℃)，如有脫碳則表面會有一層完全的 ①肥粒體 ②波來體 ③變韌體 ④麻田散體 。

103. (2) 鋼料淬火的主要目的是為了 ①韌性 ②強度 ③耐蝕性 ④耐熱性 。

104. (4) 下列鋼材何者硬化能最佳 ①S40C ②SCr440 ③SCM440 ④SNCM439 。

105. (4) 鋼材沃斯田體化後冷卻時，變態為何種組織，其體積膨脹量最大 ①波來體 ②上變韌體 ③下變韌體 ④麻田散體 。

106. (3) 會使鋼料在壓延後在鋼件中產生魔線的元素是 ① C ② Si ③ P ④ S 。

107. (1) 亞共析鋼在產生共晶反應前晶出的固溶體稱為 ①初晶 ②包晶 ③偏晶 ④單晶 。

108. (3) 液態相 L 和固溶體 α 因降溫生成固溶體 β 的是 ①包析反應 ②偏晶反應 ③包晶反應 ④共晶反應 。

109. (2) 屬於同形二元合金系(Isomorphous binary alloysystem)的是 ①銅錫合金 ②銅鎳合金 ③銅鋅合金 ④銅鋁合金 。

110. (2) 液態相 L1 降溫生成另一液態相 L2 和固溶體的是 ①包析反應 ②偏晶反應 ③包晶反應 ④共晶反應

。

111. (1) 固溶體 α 和固溶體 β 降溫生成固溶體 γ 的是 ①包析反應 ②偏晶反應 ③包晶反應 ④共晶反應 。

112. (4) 一般所稱的粒滴班鐵 (Ledeburite)是 ①細波來鐵 ②中波來鐵 ③變韌鐵 ④共晶鑄鐵 。

113. (3) 下列那種鑄鐵的強韌性最佳 ①灰口鑄鐵 ②白口鑄鐵 ③球狀石墨鑄鐵 ④縮狀石墨鑄鐵 。

114. (2) 可鍛鑄鐵是由下列哪種鑄鐵經高溫長時間熱處理產生 ①灰口鑄鐵 ②白口鑄鐵 ③球狀石墨鑄鐵 ④縮狀石墨鑄鐵 。

115. (1) 黑心可鍛鑄鐵的顯微組織是 ①肥粒鐵和回火碳 ②波來鐵和回火碳 ③波來鐵和化合碳 ④肥粒鐵和化合碳 。

116. (4) 白心可鍛鑄鐵的顯微組織是 ①肥粒鐵和回火碳 ②波來鐵和回火碳 ③波來鐵和化合碳 ④肥粒鐵和化合碳 。

02100 熱處理 丙級 工作項目 02：基本的熱處理方法

1. (1) 把鋼料加熱到適當的溫度，保持適當的時間後，使它慢慢冷卻的操作稱為 ①退火 ②淬火 ③回火 ④正常化 。

2. (4) 下列何者不是退火的目的 ①使組織均勻化 ②改善切削性 ③消除應力 ④提高強度 。

3. (3) 亞共析鋼完全退火的溫度應在何種變態點的稍上方 ①A_1 ②A_2 ③A_3 ④Acm 。

4. (1) 過共析鋼完全退火的溫度，應在何種變態點的稍上方？ ①A_1 ②A_2 ③A_3 ④Acm 。

5. (3) 將鋼料加熱到適當的溫度使變為均勻的沃斯田體後，在空氣中冷卻的操作稱為 ①退火 ②淬火 ③正常化 ④回火 。

6. (3) 亞共析鋼正常化的溫度應在何種變態點的稍上方 ①A_1 ②A_2 ③A_3 ④Acm 。

7. (4) 過共析鋼正常化的溫度應在何種變態點的稍上方 ①A_1 ②A_2 ③A_3 ④Acm 。

8. (2) 把鋼料加熱至沃斯田體化溫度後，急速冷卻而得到高硬度的組織，此種熱處理稱為 ①退火 ②淬火 ③回火 ④正常化 。

9. (4) 碳鋼淬火是為了得到下列何種組織 ①肥粒體 ②波來體 ③沃斯田體 ④麻田散體 。

10. (3) 亞共析鋼實施淬火時，應加熱至何種變態點的稍上方 ①A_1 ②A_2 ③A_3 ④Acm 。

11. (1) 過共析鋼實施淬火時，應加熱至何種變態點的稍上方 ①A_1 ②A_2 ③A_3 ④Acm 。

12. (2) 把淬火後的鋼料加熱到適當的溫度，以調節其硬度而得到適當的強韌性，此種處理稱為 ①退火 ②回火 ③正常化 ④均質化 。

13. (1) 鋼料回火的溫度最高可高至何種變態點的稍下方 ①A_1 ②A_2 ③A_3 ④Acm 。

14. (4) 下列何種熱處理最容易使工件發生變形 ①退火 ②正常化 ③回火 ④淬火 。

15. (4) 碳鋼的含碳量達到約 ①0.02% ②0.2% ③0.4% ④0.6% 以上後，提高含碳量淬火硬度不再有顯著增加。

16. (1) 為了改善過共析鋼的切削性及塑性加工性，應實施 ①球化處理 ②正常化處理 ③完全退火 ④應力消除退火 。

17. (1) 含碳量 0.25%以下的機械構造用鋼最常實施的熱處理是 ①正常化 ②淬火、回火 ③球化退火 ④高週波熱處理 。

18. (3) 機械構造用碳鋼正常化後的組織為 ①波來體 ②肥粒體 ③波來體＋肥粒體 ④波來體＋雪明碳體 。

19. (2) 碳鋼實施水淬火時，必須注意水溫不可超過 ①15℃ ②30℃ ③50℃ ④70℃ 。

20. (2) 機械構造用碳鋼的正常化溫度，隨含碳量的增加而 ①升高 ②降低 ③先降後升 ④維持不變 。

21. (4) 不影響碳鋼淬火硬化深度的因素為 ①淬火溫度 ②保溫時間 ③晶粒大小 ④夾雜物含量 。

22. (4) 機械構造用鋼最常用的高溫回火溫度應為 ①100～200℃ ②250～350℃ ③400～500℃ ④550～650℃ 。

23. (3) 機械構造用鋼實施正常化時的冷卻方法為 ①水冷 ②油冷 ③空冷或風冷 ④爐冷 。

24. (4) 鋼料退火時，採用保護爐氣的目的是 ①促進鋼料軟化 ②防止晶粒生長 ③消除殘留應力 ④防止氧化、脫碳 。

25. (1) 機械構造用碳鋼實施球化退火時的最高加熱溫度為 ①A_1＋30℃ ②A_2＋30℃ ③A_3＋30℃ ④Acm＋30℃ 。

26. (1) 下列何者不是回火的目的 ①降低強度 ②消除內應力 ③提高韌性 ④使組織安定化 。

27. (3) 機械構造用合金鋼使用前需要實施何種熱處理 ①退火 ②正常化 ③淬火＋高溫回火 ④淬火＋低溫回火 。

28. (1) 碳工具鋼的淬火溫度為 ①760～820℃ ②820～870℃ ③850～910℃ ④950～1000℃ 。

29. (1) 碳工具鋼的回火溫度為 ①150～200℃ ②200～350℃ ③350～500℃ ④500～650℃ 。

30. (2) 合金鋼實施回火時，發生低溫回火脆性的溫度是在 ①150℃ ②300℃ ③550℃ ④650℃ 附近。

31. (4) 高碳合金工具鋼淬火、回火後的組織為 ①沃斯田體 ②波來體 ③回火麻田散體 ④回火麻田散體＋碳化物 。

32. (4) 下列合金元素中，何者對於增加鋼料的硬化能最為有效 ①Ni ②W ③V ④Cr 。

33. (1) 合金構造用鋼的合金元素中，何者係為增加鋼的強韌性最有效的元素 ①Ni ②W ③Mo ④Si 。

34. (3) 碳工具鋼球化退火後的組織為 ①沃斯田體＋FeC ②麻田散體＋FeC ③肥粒體＋Fe_3C ④波來體＋Fe_3C 。

35. (3) 用於製造銼刀的主要合金工具鋼為 ①Ni 鋼 ②V 鋼 ③Cr 鋼 ④W 鋼 。

36. (1) 用於製造帶鋸的主要合金鋼為 ①Ni 鋼 ②V 鋼 ③Cr 鋼 ④W 鋼 。

37. (2) 耐衝擊合金工具中，添加 V 的主要目的是 ①增加硬化能 ②微細化晶粒 ③增加耐磨性 ④防止回火脆性 。

38. (3) 耐衝擊合金工具鋼實施淬火、回火後的硬度應為 ①HRC 30 左右 ②HRC 40 左右 ③HRC 50 左右 ④HRC 60 左右 。

39. (1) 耐磨高合金工具鋼不實施下列何種熱處理 ①正常化 ②球化退火 ③恒溫退火 ④淬火、回火 。

40. (4) 耐磨合金工具鋼實施淬火、回火後的硬度應在 ①HRC 45 ②HRC 50 ③HRC 55 ④HRC 60 左右。

41. (2) 合金工具鋼實施回火後的冷卻方法多為 ①爐冷 ②空冷 ③油冷 ④水冷 。

42. (1) 熱加工用合金工具鋼的淬火溫度為 ①1000～1100℃ ②900～1000℃ ③850～950℃ ④800～850℃ 。

43. (4) 需要實施多次回火的鋼料為 ①高碳鋼 ②彈簧鋼 ③易切鋼 ④高速鋼 。

44. (1) 高速鋼熱處理時，升溫速率需緩慢是由於 ①導熱度差 ②硬化能大 ③熱膨脹係數大 ④比熱大 。

45. (3) 下列何種鋼料的淬火溫度最高 ①高碳工具鋼 ②軸承鋼 ③高速鋼 ④構造用鋼 。

46. (2) 高速鋼的高溫回火硬度高，主要原因是 ①含碳量高 ②回火二次硬化 ③殘留沃斯田鐵少 ④碳化物粗大 。

47. (2) 高速鋼的回火溫度應在 ①650℃ ②550℃ ③450℃ ④350℃ 附近。

48. (1) 彈簧鋼主要添加的合金元素是 ①Si ②Co ③W ④Mo 。

49. (4) 軸承鋼除 C 之外，主要的合金元素為 ①W ②Ni ③V ④Cr 。

50. (1) 軸承鋼回火後的硬度會比淬火硬度低約 ①HRC 1～2 ②HRC 5～10 ③HRC 10～15 ④HRC15～20 。

51. (4) 軸承鋼淬火、回火後的硬度應在 ①HRC 40 左右 ②HRC 50 左右 ③HRC 55 左右 ④HRC 60 以上 。

52. (3) 鋁合金實施固溶處理後急冷的目的是 ①增加硬度 ②微化晶粒 ③得到過飽和固溶體 ④得到麻田散體 。

53. (3) 在時效溫度下實施鋁合金的析出硬化處理時，其硬度隨處理時間的增長而 ①升高 ②降低 ③先升後降 ④先降後升 。

54. (2) 要增加鈹銅之強度最有效的方法為 ①冷加工 ②析出硬化處理 ③麻田散體變態 ④微化晶粒 。

55. (1) 下列何種氣體對鋼料沒有氧化性 ①CO ②CO_2 ③H_2O ④O_2 。

56. (4) 下列何種氣體對鋼料不具有氧化性，但有脫碳性 ①CO ②CO_2 ③H_2O ④H_2 。

57. (2) 下列何種氣體是工業上常用來避免鋼料氧化、脫碳的中性氣體 ①CH_4 ②N_2 ③H_2 ④He 。

58. (2) 吸熱型氣體中，主要的滲碳成分為 ①CH_4 ②CO ③CO_2 ④C_3H_8 。

59. (4) 鋼料實施滲碳表面硬化處理後，其表面硬度約為 ①HV 1500 ②HV 1200 ③HV 1000 ④HV 800 。

60. (3) 滲碳深度欲增為 2 倍，滲碳時間應增為 ①1 倍 ②2 倍 ③4 倍 ④8 倍 。

61. (3) 鋼料實施滲碳處理後，表面最理想的含碳量應為 ①1.2% ②1.0% ③0.8% ④0.4% 。

62. (4) 工業上常用的滲氮性氣體為 ①N_2 ②NH_4 Cl ③NO_2 ④NH_3 。

63. (3) 工業上常用露點表示控制爐氣中那一種成分的含量 ①O_2 ②CO_2 ③H_2 O ④H_2 。

64. (1) 爐氣的露點愈高，表示爐氣的 ①碳勢愈低 ②H_2 含量愈高 ③溫度愈高 ④壓力愈大 。

65. (3) 氣體滲碳的溫度多為 ①750～800℃ ②800～850℃ ③900～950℃ ④950～1000℃ 。

66. (4) 碳鋼滲碳後如需實施兩次淬火，第一次淬火的目的是 ①硬化表層 ②表層組織微細化 ③硬化心部 ④心部組織微細化 。

67. (2) 實施固體滲碳時之促進劑，可添加適量的 ①$BaCl_2$ ②$BaCO_3$ ③NaCl ④NaNO_3 。

68. (1) 鋼料實施氣體滲氮的溫度為 ①500～550℃ ②600～700℃ ③800～850℃ ④900～950℃ 。

69. (3) 滲氮用鋼最有效的合金元素為 ①Si、Mn、Ni ②Ni、Cr、W ③Al、Cr、Mo ④Cr、W、V 。

70. (4) 滲氮用鋼實施滲氮處理後，表面硬度最高約為 ①HV 600～700 ②HV 700～800 ③HV 800～900 ④HV 900～1100 。

71. (2) 鋼料經滲氮表面硬化處理後，不軟化的溫度極限是 ①300℃ ②500℃ ③600℃ ④700℃ 。

72. (1) 高週波熱處理的目的是 ①硬化表面 ②硬化心部 ③微化晶粒 ④組織安定化 。

73. (3) 高週波熱處理用鋼的含碳量宜為 ①0.2%以下 ②0.2～0.3% ③0.35～0.55% ④0.8～1.2% 。

74. (4) 下列何種熱處理所需時間最短 ①球化處理 ②滲碳處理 ③滲氮處理 ④高週波熱處理 。

75. (2) 高週波熱處理能有效改善鋼料的 ①耐蝕性 ②耐疲勞性 ③耐熱性 ④耐氧化性 。

76. (1) 對同一種鋼料而言，火焰硬化熱處理的淬火溫度應較一般淬火溫度 ①高 ②低 ③相同 ④視含碳量而定 。

77. (3) 低溫用中性鹽浴的主要成分為 ①氯化鹽 ②碳酸鹽 ③硝酸鹽 ④氰化鹽 。

78. (3) 下列何種鹽的熔點最高 ①$NaNO_3$ ②KNO_3 ③$BaCl_2$ ④NaCl 。

79. (2) 高速鋼淬火加熱用鹽浴的主要成分為 ①Na_2CO_3 ②$BaCl_2$ ③NaCN ④$NaNO_2$ 。

80. (1) 影響滲碳用鹽浴之滲碳能力的關鍵成分為 ①$NaCN$ ②Na_2CO_3 ③$BaCO_3$ ④$NaCl$ 。

81. (2) 鹽浴的成分中，何者的毒性最強 ①$NaNO_2$ ②$NaCN$ ③Na_2CO_3 ④$BaCl_2$ 。

82. (4) 構造用合金鋼淬火用鹽的主要成分為 ①亞硝酸鹽 ②硝酸鹽 ③碳酸鹽 ④氯化鹽 。

83. (1) 工件放入鹽浴之前必需徹底乾燥，最主要原因是 ①確保人員安全 ②避免鹽浴劣化 ③避免工件腐蝕 ④減少工件變形 。

84. (3) 鋁合金固溶處理的溫度為 ①100～200℃ ②300～450℃ ③450～550℃ ④600～650℃ 。

85. (4) 鋁合金實施固溶處理保溫後，應以何種冷卻方式冷至室溫？ ①爐冷 ②空冷 ③油冷 ④水冷 。

86. (3) AA6000 系鋁合金主要的強化方法為 ①固溶強化 ②微化晶粒 ③析出硬化 ④加工硬化 。

87. (3) 鋼料的滲碳溫度應在 ①A_1 ②A_2 ③A_3 ④Acm 變態點的上方。

88. (1) 鋼料在滲碳溫度的組織應為 ①沃斯田體 ②肥粒體 ③波來體 ④變韌體 。

89. (2) 在控制爐氣中，何種成分最具有爆炸的危險性 ①CO_2 ②H_2 ③CO ④CH_4 。

90. (2) 在控制爐氣中，何種成分具有毒性 ①CO_2 ②CO ③CH_4 ④H_2 。

91. (1) 在控制爐氣中，下列何種成分對鋼料具有氧化性 ①CO_2 ②CO ③CH_4 ④H_2 。

92. (1) 下列那一種滲碳方法最不容易控制鋼料表面含碳量 ①固體滲碳 ②液體滲碳 ③氣體滲碳 ④真空滲碳 。

93. (2) 鋼料實施高週波熱處理之前最好先實施 ①退火 ②淬火、回火 ③球化處理 ④滲氮處理 。

94. (1) 高週波的週波數愈高，則鋼料熱處理後 ①硬化深度愈淺 ②硬化深度愈深 ③表面硬度愈高 ④表面硬度愈低 。

95. (4) 高速鋼淬火溫度高的主要原因是 ①熔點高 ②含碳量高 ③麻田散體的變態點高 ④為了固溶足夠的合金碳化物 。

96. (1) 鋼料滲碳後如需經二次淬火，第二次淬火的目的在於 ①韌化表層 ②軟化表層 ③硬化心部 ④韌化心部 。

97. (2) 鋼料實施滲氮之前應先實施 ①正常化 ②淬火、回火 ③退火 ④球化 處理。

98. (4) 高速鋼回火時，合金碳化物在 ①200℃ ②300℃ ③400℃ ④500℃ 附近造成顯著的二次硬化現象。

99. (2) 共析鋼淬火時，若在臨界區域冷速慢，則先會生成何種組織 ①沃斯田體 ②波來體 ③雪明碳體 ④麻田散體 。

100. (1) 工件退火後發現硬度偏高時，其補救辦法是 ①調整加熱和冷卻參數，重新實施退火 ②實施正常化 ③實施回火 ④實施淬火 。

101. (2) NaCl 或 NaOH 水溶液作為淬火液時，常用的濃度為 ①3～5% ②5～15% ③15～30% ④30～40% 。

102. (3) 工件退火後硬度偏高的原因，可能是由於 ①保溫時間過長 ②加熱溫度高 ③冷卻過快 ④工件尺寸過大 所造成。

103. (3) 為了微化晶粒、改善切削性，常對低碳鋼實施的熱處理是 ①完全退火 ②球化退火 ③正常化 ④淬火、回火 。

104. (2) 為了使碳原子容易滲入鋼中，必須使鋼處於何種組織的狀態 ①麻田散體 ②沃斯田體 ③肥粒體 ④波來體 。

105. (2) 鋼料氣體滲氮後，表面的正常顏色為 ①藍色 ②銀白色 ③黃色 ④黑色 。

106. (3) 螺旋彈簧在加熱時，為防止其變形，正確的放置方法是 ①垂直放置 ②垂直吊掛 ③水平放置 ④傾斜堆放 。

107. (4) 鋼料的耐磨性決定於 ①鋼料的含碳量 ②鋼中麻田散體的含量 ③鋼料的淬火硬度 ④鋼料回火後的硬度及碳化物的分布情形 。

108. (4) 氣體滲氮時，所謂氨分解率是指 ①N_2 和 H_2 混合氣體佔通入 NH_3 體積的百分比 ②N_2 佔通入 NH_3 體積的百分比 ③H_2 佔通入 NH_3 體積的百分比 ④N_2 和 H_2 混合氣體佔爐中氣體總體積的百分比 。

109. (3) 合金元素 Cr、Mn、Mo 在合金工具鋼的主要作用是 ①微化晶粒 ②防止回火脆性 ③減少質量效應 ④改善加工性 。

110. (1) 碳工具鋼在受熱的情況下，能維持高硬度的溫度最高為 ①200℃ ②300℃ ③400℃ ④500℃ 。

111. (3) 高週波淬火的加熱溫度與普通淬火的加熱溫度相比是 ①相同 ②較低 ③較高 ④無關 。

112. (2) 淬火冷卻速率應在 ①臨界區域快、危險區域也要快 ②臨界區域快、危險區域慢 ③臨界區域慢、危險區域快 ④臨界區域慢、危險區域也要慢 。

113. (1) 鋼料應從何種組織實施淬火 ①沃斯田體 ②麻田散體 ③肥粒體 ④波來體 。

114. (2) 鋼料應從何種組織實施回火 ①波來體 ②淬火麻田散體 ③肥粒體 ④雪明碳體 。

115. (2) 耐磨合金工具鋼實施回火的最佳時機為 ①實施淬火前 ②淬火冷卻至室溫前 ③淬火冷至室溫後 ④淬火放置一天後 。

116. (1) 下列那一種表面硬化處理的加熱溫度最低 ①滲氮 ②滲碳 ③高週波熱處理 ④火焰硬化熱處理 。

117. (1) 下列那一種表面硬化處理所需的時間最長？ ①氣體滲氮 ②氣體滲碳 ③高週波熱處理 ④火焰硬化熱處理 。

118. (1) 下列那一種表面硬化處理所能達到的硬度最高 ①氣體滲氮 ②氣體滲碳 ③高週波熱處理 ④火焰硬化熱處理 。

119. (3) 鋼料滲碳後的有效硬化深度是指硬度在 ①HV 300 ②HV 400 ③HV 550 ④HV 700 以上的硬化層厚度。

120. (4) 鋼料氣體滲碳後通常要實施擴散處理，下列何者不是擴散處理的目的 ①降低表面含碳量 ②降低表層碳濃度梯度 ③增加滲碳層的厚度 ④降低表面硬度 。

121. (2) 鋼實施淬火，下列何者資料最有用 ①T.T.T. ②C.C.T. ③硬化能曲線 ④冷卻曲線 圖。

122. (2) 深冷處理的時機為 ①正常化之後 ②淬火後，回火之前 ③退火後 ④球化後 。

123. (2) 鋼如果發生偏析，應採用那一種熱處理法消除之 ①弛力退火 ②均質化退火 ③滲碳 ④回火 。

124. (2) 良好的淬火液應具有何種特性 ①比熱小 ②導熱度大 ③黏度大 ④揮發性大 。

125. (2) 要使鋁合金強度增加的方法中，除了利用加工硬化法外，另一種常用的方法是 ①淬火硬化 ②析出硬化 ③麻田散鐵硬化 ④回火硬化 。

126. (1) 碳鋼的質量效應比合金鋼 ①大 ②小 ③相等 ④不一定 。

127. (3) 碳鋼件之製程退火係消除常溫加工所產生之加工硬化使材料軟化，其加熱溫度 ①400~500℃ ②500~600℃ ③600~700℃ ④700~800℃ 後爐中冷卻。

128. (4) 滲碳深度欲增加 3 倍，則滲碳時間應增加到 ①3 倍 ②5 倍 ③7 倍 ④9 倍 。

129. (4) 高溫鹽浴爐之熱處理溫度範圍為 ①700~800℃ ②800~900℃ ③900~1000℃ ④1000~1350℃ 。

130. (3) 真空爐最大特點可防止鋼材之氧化及脫碳現象，一般真空爐之真空度在 ①$10^{2}$~10^{1}mmHg ②$10^{1}$~10^{-2}mmHg ③$10^{-2}$~10^{-5}mmHg ④$10^{-5}$~10^{-7}mmHg 。

131. (1) 沃斯田體系不銹鋼一般採用的熱處理方法為 ①固溶化處理後急冷 ②固溶化熱處理後爐冷 ③高溫(500℃至 550℃)回火熱處理 ④表面感應熱處理 。

132. (3) 亞共析鋼沃斯田體化加熱溫度主要係需參考下列哪一種變態溫度？ ①A_1 溫度 ②A_2 溫度 ③A_3 溫度 ④A_4 溫度 。

133. (1) 針對離子氮化熱處理，何者敘述有誤 ①使用 NH_3 氣體為反應氣體 ②處理溫度範圍較大 ③引起的變形量較小 ④滲氮速度較快 。

134. (2) 下列何者不是 QPQ(Quenching Polishing Quenching)熱處理製程的特性 ①表面呈現光亮色 ②使用鹽水進行淬火製程 ③具有較佳的表面抗腐蝕性能 ④可用於鑄鐵與不銹鋼等材質 。

135. (3) 下列哪一種熱處理製程不可以消除內應力及殘留應力？ ①正常化 ②退火 ③淬火 ④回火 。

136. (1) 高溫用中性鹽浴的主要成份為 ①氯化鹽 ②碳酸鹽 ③硝酸鹽 ④氰化鹽 。

137. (2) 下列何種金屬的固溶化熱處理溫度最低 ①6061 鋁合金 ②7050 鋁合金 ③304 不銹鋼 ④C17300 鈹銅合金 。

138. (3) 機械構造用碳鋼完全退火後的組織為 ①肥粒體 ②肥粒體+細波來體 ③肥粒體+粗波來體 ④麻田散體 。

139. (4) 機械構造用碳鋼淬火後的變態組織為 ①肥粒體 ②變韌體 ③波來體 ④麻田散體 。

140. (3) 調質處理的意義是 ①淬火 ②正常化 ③淬火+高溫回火 ④淬火+低溫回火處理。

141. (1) 退火處理的冷卻方法為 ①爐冷 ②空冷 ③油冷 ④水冷 。

142. (3) 低溫淬火油的最適溫度為 ①室溫 ②30～50℃ ③60～80℃ ④100～120℃ 。

143. (1) 工件經滲碳、淬火處理後採用的回火溫度為 ①150～250℃ ②260～350℃ ③360～500℃ ④550～650℃ 。

144. (1) 感應硬化熱處理後採用的回火溫度為 ①150～250℃ ②260～350℃ ③360～500℃ ④550～650℃ 。

145. (3) 感應硬化熱處理前最好先施以 ①退火 ②正常化 ③調質 ④球化 處理。

146. (3) JIS SACM645 鋼件實施氮化處理前應施以 ①退火 ②正常化 ③調質 ④球化處理。

147. (2) 鋁合金 T4 處理係指 ①固溶化後人工時效處理 ②固溶化後自然時效處理 ③固溶化後急冷處理 ④固溶化後緩冷處理 。

148. (1) 鋁合金 T6 處理係指 ①固溶化後人工時效處理 ②固溶化後自然時效 ③固溶化後急冷處理 ④固溶化後緩冷處理 。

149. (2) 鋼材最常使用的強化方法為 ①變韌體硬化法 ②麻田散體硬化法 ③沃斯成形法 ④時效硬化法 。

150. (4) 下列何者無法使鋼料晶粒微細化 ①正常化 ②冷加工後再結晶退火 ③熱加工後空冷 ④均質化退火 。

151. (4) 冷加工成型的鋼料加工前，一般都需要先行 ①正常化 ②普通退火 ③弛力退火 ④球化退火 。

152. (1) 精密零件於粗加工後精加工前，為了防止變形必須實施 ①應力消除退火 ②球化退火 ③普通退火 ④正常化 。

153. (3) 深冷處理的目的是將殘留沃斯田體變態為 ①波來體 ②變韌體 ③麻田散體 ④雪明碳體 。

154. (1) 18%Cr -8%Ni 不銹鋼的固溶化熱處理，由高溫急冷的操作後其組織為 ①沃斯田體 ②波來體 ③變韌體 ④麻田散體 。

155. (4) 一般評估鋼料的硬化能，無法由以下何者做判斷 ①喬米尼(Jominy)曲線 ②理想臨界直徑(DI) ③淬火後斷面硬度之 U 形曲線 ④連續變態曲線 。

156. (3) 下列何種熱處理可減少變形、防止淬裂又能充分硬化 ①普通淬火 ②時間淬火 ③麻回火 ④沃斯回火 。

157. (3) 含碳量 0.4wt%的碳鋼，淬火後有 90%麻田散體變態量時，其硬度約為 ①30HRC ②40HRC ③ 50HRC ④60HRC 。

158. (2) 下列何者為還原性氣體 ①N_2 ②H_2 ③Ar ④He 。

159. (3) 氣體滲碳氮化處理的一般溫度為 ①550~600℃ ②650~750℃ ③780~870℃ ④900~950℃ 。

160. (1) 吸熱型爐氣的控制，現場採用監控爐氣中何種成分 ①O_2 ②CO_2 ③H_2O ④CH_4 。

161. (4) 對鋼料感應硬化處理後的敘述，下列何者不正確 ①表面強度高 ②表面壓縮應力大 ③疲勞強度佳 ④處理件變形量大 。

02100 熱處理 丙級 工作項目 03：加熱及冷卻裝置的種類、構造

1. (2) 用於電爐之電阻式鎳鉻發熱體之最高使用溫度為 ①800℃ ②1100℃ ③1400℃ ④1600℃ 。

2. (3) 碳化矽(SiC)加熱體之最高加熱溫度為 ①800℃ ②1100℃ ③1600℃ ④2000℃ 。

3. (2) 重油爐或輕油爐不具有以下那種特性 ①排氣之污染性大 ②燃料昂貴 ③噪音大 ④燃燒時之氣流有助於溫度之均勻性 。

4. (4) 滲碳鹽浴所用之鹽類為 ①氯鹽 ②碳酸鹽 ③硝酸鹽 ④氰化鹽 。

5. (1) 為防止淬火加熱用鹽浴的散熱，可以在鹽浴表面敷蓋一層 ①石墨粉 ②氧化鋁粉 ③氧化鎂粉 ④氧化鐵粉 。

6. (3) 插入鹽浴中之熱電偶測溫棒最容易腐蝕的地方為 ①鹽浴中溫度高的地方 ②熱電偶尖端 ③鹽浴表面與空氣交界處 ④均勻腐蝕 。

7. (4) 電極式鹽浴爐之鹽浴容器為 ①耐熱鋼製坩堝 ②不銹鋼製坩堝 ③滲鋁軟鋼坩堝 ④耐火材料砌成之內壁 。

8. (3) 真空爐在 1000℃左右之高溫，其熱傳主要來自 ①對流 ②傳導 ③輻射 ④真空 。

9. (3) 真空爐一般之真空度約在 ①100～200mmHg ②10～100mmHg ③$10^{-2}$ ～10^{-5} mmHg ④$10^{-6}$ ～10^{-9} mmHg 。

10. (4) 露點檢測係用於檢驗爐氣中之 ①CO_2 ②CO ③H_2 ④H_2O 。

11. (1) 吸熱型爐氣之原料氣體為 ①空氣與丙烷 ②空氣與氨氣 ③丁烷與氮氣 ④丙烷與氮氣 。

12. (3) 二氧化碳(CO_2)在高溫時為一種 ①滲碳性氣體 ②還原性氣體 ③脫碳性氣體 ④惰性氣體 。

13. (1) 流體床爐加熱工件是藉由 ①攪動之懸浮耐火氧化物顆粒 ②流動的鹽浴 ③加壓流動的氣體 ④流動的金屬浴 。

14. (1) 最常用於流體床之熱傳介質（浮懸顆粒）為 ①Al_2O_3 ②Fe_2O_3 ③碳粉 ④硝酸鹽 。

15. (2) 高週波加熱裝置之週波頻率愈低 ①硬化層愈淺 ②硬化層愈深 ③週波頻率與硬化深度無關 ④設備之功率愈小 。

16. (4) 以高週波加熱淬火裝置處理工件，使產生 3～5mm 硬化層，應採用下列何種高週波震盪器較佳 ①火花發振式 ②真空管發振式 ③馬達發電機式 ④閘流體變換器(S.C.R) 。

17. (1) 以高週波加熱淬火硬化直徑 30mm 長 300mm 之軸，做軸向全長硬化，其作業方式應採 ①迴轉移動淬火法 ②回轉一次淬火法 ③不迴轉移動淬火法 ④靜置一次淬火法 。

18. (3) 火焰硬化為有效防止鋼的脫碳最好採用 ①滲碳焰 ②氧化焰 ③中性而稍帶還原焰 ④中性稍帶氧化焰 。

19. (3) 氧－乙炔焰之最高溫度的地方在 ①外焰尖端 3mm 處 ②外焰尖端 10mm 處 ③內焰尖端 3mm 處 ④內焰之中間處 。

20. (1) 耐火材料之耐火度代號為 ①SK ②KS ③KD ④DK 。

21. (2) 氧化鎂(MgO)是屬於 ①酸性 ②鹼性 ③中性 ④介於酸性與中性之間 之耐火材料。

22. (2) 斷熱耐火磚之熱膨脹係數及熱傳導係數應該 ①兩者愈大愈佳 ②兩者愈小愈佳 ③前者大後者小 ④前者小後者大 。

23. (1) 杯形工作物淬火時應 ①杯口朝上 ②杯口朝下 ③杯口朝邊 ④不拘 。

24. (4) 輝面熱處理之坑式爐(Pit Furnace)比多功能型爐(All Case Type Furnace)之輝面度差的最主要原因為坑式爐之 ①爐氣均勻性較差 ②溫度均勻性較差 ③爐氣較不易控制 ④淬火時必須把工件吊出而與空氣接觸 。

25. (4) 熱電偶之最佳放置位置為 ①爐的內部上方 ②爐的內部下方 ③爐側 ④盡量靠近工件放置的位置 。

26. (1) 強制空冷裝置較適合 ①高速鋼之淬火 ②構造用合金鋼之淬火 ③滲碳鋼之淬火 ④碳工具鋼之淬火 。

27. (2) 以下之淬火用水何者之冷卻速率最快 ①5%食鹽水 ②10%食鹽水 ③蒸餾水 ④去離子水 。

28. (1) 淬火用水之水溫在 ①30℃ ②50℃ ③60℃ ④80℃ 時之冷卻能最佳。

29. (3) 用於淬火之自來水最好不使用新水的原因為 ①沉澱水中雜質 ②使溫度均勻 ③減低水中含氣量 ④使水溫盡量與室溫相同 。

30. (4) 麻淬火主要目的為 ①慢速通過 Bs 點 ②慢速通過 Ps 點 ③快速通過 Ms 點 ④慢速通過 Ms 點 。

31. (1) 提高淬火油溫至 60～80℃，可以 ①增加淬火油之冷卻能 ②減小淬火油之冷卻能 ③增加淬火油之粘度 ④提高工件之質量效果 。

32. (1) 質量效果大的鋼（如中碳鋼）應選擇之淬火液為 ①常溫之水或鹽水 ②60～80℃淬火油 ③100～120℃淬火油 ④200℃之熱浴 。

33. (3) 高分子淬火液之添加高分子於水中之目的為 ①提高水在 Ps 點附近之冷卻速率 ②提高水在 Ms 點附近之冷卻速率 ③減緩水在 Ms 點附近之冷卻速率 ④使泡沫崩潰時間提前發生 。

34. (1) 淬火油氧化會造成 ①粘度提高 ②粘度降低 ③冷卻能增加 ④比重降低 。

35. (2) 三種淬火液為 30℃油，80℃油，80℃水，以其冷卻能大小依序為 ①30℃油＞80℃油＞80℃水 ②80℃油＞30℃油＞80℃水 ③80℃水＞80℃油＞30℃油 ④80℃水＞30℃油＞80℃油 。

36. (4) 沃斯回火功能最佳之熱浴為 ①油 ②鹽浴 ③流體床 ④金屬浴 。

37. (2) 淬火用水添加食鹽的目的為 ①增加蒸氣膜之穩定性 ②減小蒸氣膜之穩定性 ③增加 Ms 點附近之對流 ④減少 Ms 點附近的對流 。

38. (4) 淬火油老化時會 ①燃點提高，粘度減小，冷卻能增加 ②燃點降低，粘度增加，冷卻能增加 ③燃點降低，粘度減小，冷卻能增加 ④燃點降低，粘度增加，冷卻能降低 。

39. (4) 以氰化鹽浴滲碳後，不可直接淬入硝酸鹽浴中之理由為 ①易使工件變形 ②會造成工件之氧化 ③會造成工件之脫碳 ④易引起爆炸 。

40. (1) 噴射冷卻裝置用於硬化能較差的鋼料淬火，當工件在一密閉室噴以水柱時，工件必須 ①旋轉 ②靜止 ③上下移動 ④上下振動 。

41. (4) 鹽浴中所使用之鹽浴是高溫鹽浴為 ①250~600℃ ②600~750℃ ③750~950℃ ④1000~1350℃ 。

42. (4) 鋼料退火時，採用保護爐氣的目的是 ①促進鋼料軟化 ②防止晶粒生長 ③消除殘留應力 ④防止氧化、脫碳 。

43. (1) 碳鋼實施水淬火處理，為求好效果，水溫不宜超過 ①25℃ ②30℃ ③35℃ ④40℃ 。

44. (3) 將常溫加工後的鋼件加熱到 250~370℃然後水冷，以去除殘留應力，增加彈性限的處理叫 ①麻回火 ②恆溫回火 ③發藍處理 ④球化處理 。

45. (1) 台灣地區熱處理代工廠主要的加熱源為 ①電力 ②重油 ③天然瓦斯 ④氧乙炔 。

46. (3) 以下那一種冷卻裝置，最容易產生空氣汙染 ①水冷 ②熱浴冷卻 ③油冷 ④噴射冷卻 。

47. (3) 最有可能導入連續生產線的熱處理設備是 ①連續式電爐 ②重油爐 ③感應加熱淬火設備 ④天然瓦斯坑式爐 。

48. (1) 感應硬化層深度有 3 ㎜，請問可以使用以下那一種回火裝置，達到對該硬化層 30 秒內快速回火的目的 ①感應回火 ②熱浴回火 ③熱油回火 ④流體床回火 。

49. (1) 感應加熱設備最常用的冷卻裝置 ①水冷裝置 ②熱浴冷卻裝置 ③壓縮機空氣裝置 ④高壓氦氣裝置 。

50. (3) 與 60-80℃淬火油槽相比，使用 110~130 ℃淬火油槽的主要目的為 ①增加冷卻效率 ②提高冷卻後強度 ③減少變形 ④提高淬火件硬度 。

51. (2) 一個厚度為 3 ㎜的 SNCM220 滲碳板件，為避免心部硬度過高，誘發使用脆性斷裂，建議使用淬火方式為 ①60-80℃低溫淬火油 ②130~150 ℃高溫淬火油 ③30℃水冷 ④鹽水冷卻 。

52. (2) 單件式的加熱及冷卻的熱處理裝置是 ①連續式電爐 ②感應加熱淬火設備 ③重油爐 ④天然瓦斯坑式爐 。

53. (2) 自動化的送料裝置引入以下那一種加熱設備較為可行，並且可以提高生產效率 ①鹽浴爐 ②感應加熱淬火設備 ③真空爐 ④流體床爐 。

54. (1) 電爐使用的主要的金屬發熱體不包含下列那一種 ①純 Al 線 ② Ni-Cr 電熱線 ③ Mo-Si 合金線 ④純 Mo 線 。

55. (3) 爐具使用之非金屬發熱體不包含下列那一種 ① SiC ②石墨棒 ③ Ni-Cr 棒 ④ $LaCrO_3$ 棒 。

56. (1) 真空爐在 850℃以下之升溫階段，以何種方式的熱傳效率最高 ①對流 ②傳導 ③輻射 ④真空 。

57. (2) 真空爐的加熱系統，以何種電流與電壓匹配的效率最佳且安全 ①高電壓大電流 ②低電壓大電流 ③高電壓低電流 ④低電壓低電流 。

58. (3) 用於工、模具鋼熱處理之真空淬火爐，一般採用何種材料做為加熱元件 ①鎳鉻線 ②碳化矽 ③石墨 ④氧化鋁 。

59. (4) 用於真空爐加熱室的絕熱材料，何種材料的絕熱效果與強度最佳 ①耐火磚 ②耐火棉 ③石墨纖維毯 ④碳纖維強化石墨(CFC) 。

60. (4) 高壓氣淬時，何者無法提高冷卻速率 ①提高氣淬的壓力 ②增加冷卻氣體之流速 ③降低熱交換器之水溫 ④以氬氣取代氮氣 。

61. (1) 油淬的冷卻過程，由高溫至低溫，工件會經歷了三個冷卻階段，以下那一項不屬於此三階段 ①蒸發階段 ②蒸氣膜階段 ③沸騰階段 ④對流階段 。

62. (2) 感應硬化爐的感應線圈管材的常用金屬是 ① 鉻 ② 銅 ③ 銀 ④ 鎳 。

63. (2) 為降低熱處理件的處理後變形，一般會用貨架或籃網等治具來裝工件常用治具材料為 ①耐蝕合金鋼 ②耐熱合金鋼 ③耐衝擊合金鋼 ④耐磨耗合金鋼 。

64. (2) 感應硬化爐的加熱主要是由線圈產生的 ①電場感應 ②磁場感應 ③電場的電阻 ④熱傳導 。

65. (3) 熱處理用電熱爐採用那種金屬發熱體可達 2000 ℃ ①鎳-鉻 (Ni-Cr) ②純鉬 (Mo) ③純鎢 (W) ④純鉑 (Pt) 。

66. (2) 熱處理用電熱爐採用那種陶瓷發熱體可達 2000 ℃ ①碳化矽 (SiC) ②石墨 (Graphite) ③亞鉻酸鑭 ($LaCrO_3$) ④二矽化鉬 ($MoSi_2$) 。

67. (3) 熱處理爐都需配置準確度高的熱電偶，下列那個要件是錯的 ①量測熱電動勢有充分得精度 ②適用溫度範圍內需有優良耐磨蝕姓 ③適用溫度範圍內熱電偶電動勢和溫度不呈線性關係 ④適用溫度範圍內具有優良的耐氧化性。

68. (4) 大量鋼製中小型螺絲的熱處理爐，依成本考量常選用 ①批式爐 ②坑式爐 ③箱型爐 ④連續爐 。

02100 熱處理 丙級 工作項目 04：前處理及後處理方法

1. (2) 洗銅銹最有效的酸是 ①鹽酸 ②硝酸 ③硫酸 ④草酸 。
2. (3) 酸鹼性屬於中性之 PH 值為 ①5 ②6 ③7 ④8 。
3. (2) 浸漬於 5%蘇打水，對鋼鐵之表面有 ①氧化作用 ②防止氧化作用 ③潤滑作用 ④還原作用 。
4. (4) 下列溶液中脫脂性最佳的為 ①柴油 ②去漬油 ③蘇打水 ④三氯乙烷 。
5. (1) 構造用鋼淬火－回火後噴鋼珠除去氧化銹皮之外，尚會增加其 ①疲勞性 ②切削性 ③抗蝕性 ④延伸性 。
6. (3) 熱處理硬化後之模具，表面欲淨化而加噴砂處理，最不損及表面的噴料為 ①100 網目鋼珠 ②80 網目金剛砂 ③100 網目玻璃珠 ④80 網目鋼礫(grid)。
7. (4) 適合於高速迴轉葉輪噴擊的噴料為 ①金鋼砂 ②矽石粉 ③玻璃珠 ④鋼珠。
8. (2) 經淬火回火之彈簧鋼片電鍍後再加熱於 180℃之目的為 ①烘乾 ②除氫 ③麻田散體安定化 ④二次硬化 。
9. (2) 熱處理件浸漬於防銹油時，適當浸漬時間是 ①浸漬即刻可提出 ②約 5 分鐘 ③約 30 分鐘 ④約 60 分鐘 。
10. (2) 洗淨鋁材表面最有效的酸是 ①鹽酸 ②硝酸 ③硫酸 ④草酸 。
11. (1) 下列何者為對鋁材腐蝕性最強的化學品 ①苛性鈉 ②鹽酸 ③硫鹽 ④銘酸。
12. (2) 有機溶劑操作的環境最好在 ①密閉室內 ②通風的窗邊 ③乾燥的地方 ④溫度較低的地方 。
13. (1) 鋼熱處理時淬入水中後，不久發生破裂現象原因是 ①收縮不均引起應力而破裂 ②加熱不夠而破裂 ③冷卻液黏度大而破裂 ④冷卻液比熱小而破裂 。
14. (4) 鋁合金實施固溶化處理保溫後，應以何種冷卻方式冷至室溫 ①爐冷 ②空冷 ③油冷 ④水冷 。
15. (3) 常溫加工後黃銅常發生季裂現象（Season cracking），防止方法為實施 ①150~200℃ ②200~250℃ ③250~300℃ ④300~350℃ 退火 30 分鐘以除去內部應力。
16. (1) 碳鋼棒線盤元除銹清潔表面會使用 ①鹽酸+硫酸溶液 ②硝酸溶液 ③氫氟酸溶液 ④王水溶液 。

17. (4) 下列哪一種酸液不常使用於合金鋼的酸洗製程？ ①鹽酸 ②硝酸 ③硫酸 ④草酸 。

18. (2) 下列何者不是工件表面噴砂處理的目的？ ①改變表面粗糙度 ②形成工件表面張應力 ③表面除銹 ④增加表面附著力 。

19. (2) 下列何者不是濕式噴砂的特性 ①採用研磨材料與水的混合物 ②利用高壓迴轉葉片形成的離心力，將砂材噴射到工件表面 ③較不會產生粉末飛散的環境汙染 ④工件表面需要進行乾燥處理 。

20. (3) 針對編號為 10W/40 潤滑油的描述，下列何者不正確 ①W 是代表 Winter 的縮寫 ②10W 為低溫黏度的表示法 ③該潤滑油適用於 10℃~40℃的工作環境 ④40 是高溫黏度，其號數越大則黏度越大 。

21. (1) 工業上常用的脫脂劑，其 PH 酸鹼值不會呈現下列哪一個 PH 值 ①5 ②7 ③9 ④11 。

22. (4) 工件熱處理前以擦拭法清除表面油脂時，可用下列何種液體 ①蒸餾水 ②自來水 ③酒精 ④丙酮 。

23. (2) 鋼鐵工件在做完熱處理後，常做電鍍鋅處理，其目的為 ①提高強度 ②提高耐蝕性 ③提高硬度 ④提高耐磨耗性 。

24. (4) 下列性質何者不是珠擊處理後會產生的效果 ①除鏽 ②去除氧化層 ③提升附著力 ④提升表面拉伸應力 。

25. (2) 酸性液體的 PH 值為 ①7 ②小於 7 ③大於 7 ④12 。

26. (3) 鹼性液體的 PH 值為 ①7 ②小於 7 ③大於 7 ④1 。

27. (2) 電鍍或酸洗之後，為解決氫脆問題，國內電鍍業者標準的除氫程序為：200℃烘烤時間為 ①2 小時 ②4 小時 ③5 小時 ④10 小時 。

28. (3) 等待進行離子氮化的工件，若有內孔的細牙處要防止氮化，以下那個方法是不可行的 ①塗布氮化防止劑 ②以金屬片放置在該內孔外面 ③事後以噴砂去除氮化層即可 ④以螺絲鎖入該細孔處 。

02100 熱處理 丙級 工作項目 05：金屬材料的種類、成份、性質

1. (2) 純鐵在常溫的結晶構造為 ①面心立方格子 ②體心立方格子 ③六方密格子 ④體心正方格子 。

2. (1) 金屬施以外力而變形，外力消除後會恢復原狀則稱為 ①彈性變形 ②塑性變形 ③雙晶變形 ④加工變形 。

3. (1) 金屬受塑性變形則 ①強度、硬度增大 ②延展性增大 ③韌性增大 ④耐蝕性增大 。

4. (4) 鑄鐵的含碳量一般為 ①＜0.02％ ②0.02～0.77％ ③＜2.11％ ④2.11～4.5％ 。

5. (4)　鋼鐵五大元素係指 ①Mn、W、Ni、Cr、V ②H_2、S、N、O_2、C ③P、Si、V、Ni、Cr ④C、Si、Mn、P、S 。

6. (4)　鋼材中容易產生低溫脆性的元素為 ①S ②Mn ③C ④P 。

7. (2)　鋼材中容易發生熱脆性的元素為 ①C ②S ③P ④Mn 。

8. (1)　會使鋼生白疵(flake)的元素為 ①H ②N ③P ④S 。

9. (3)　機械構造用碳鋼 S20C 的含碳量約為 ①0.002% ②0.02% ③0.2% ④2.0% 。

10. (1)　可改善鋼的耐磨性之元素為 ①V、Mo、W、Cr 等 ②Pb、S、Bi 等 ③Pb、Ni、S、Mo 等 ④Ni、P、Al 等 。

11. (2)　可改善鋼的切削性之元素為 ①V、Mo、W、Cr 等 ②Pb、S、Ca 等 ③Cr、Ni、Si、Mo 等 ④Cr、Ni、Ca、Mo、W 等 。

12. (3)　可改善鋼的耐蝕性之元素為 ①V、Mo、S、Al 等 ②Pb、S、Ca 等 ③Cr、Ni、Cu、Mo 等 ④Ca、Si、W 等 。

13. (4)　可改善鋼的耐熱性之元素為 ①V、Mo、Cu、Al 等 ②Pb、S、Ca 等 ③Ni、Pb、Mo 等 ④Cr、Ni、Mo、W 等 。

14. (1)　用以改善鋼之硬化能的元素有 ①Mn、Mo、Cr ②Pb、S、Ca ③Ti、Si、P ④Co、W、V 。

15. (2)　用以改善鋼之低溫脆性的元素為 ①P ②Ni ③Si ④W 。

16. (3)　SCM 記號之鋼，主要合金元素含有 ①C、Mn ②C、Mo ③Cr、Mo ④Cr、Mn 。

17. (4)　防止高溫回火脆性之元素為 ①Ni ②Cr ③Mn ④Mo 。

18. (3)　促進鋼之滲碳作用的元素為 ①Co ②B ③Cr ④Cu 。

19. (1)　提高滲氮層硬度最有效之元素為 ①Al ②Cr ③Mo ④Ni 。

20. (2)　W 系高速鋼之主要合金元素為 ①Ni、Mn、Cr ②W、Cr、V ③Mo、Si、Cu ④Si、Mn、Ni 。

21. (1)　碳工具鋼之鋼種記號為 ①SK ②SKS ③SKD ④SKH 。

22. (4)　沃斯田體系不銹鋼之主要合金元素為 ①Si、Mn ②Cu、V ③W、Co ④Cr、Ni 。

23. (1)　400 系不銹鋼主要合金元素為 ①Cr ②Ni ③Mn ④Mo 。

24. (3)　含 Cr 的不銹鋼對於 ①鹽酸(HCl) ②硫酸(H_2SO_4) ③硝酸(HNO_3) ④氟酸(HF) ，最具耐蝕性。

25. (4)　Ni-Cr 系不銹鋼固溶處理後的組織為 ①肥粒體 ②麻田散體 ③波來體 ④沃斯田體 。

26. (2)　304 不銹鋼中除了 Fe 外 ①單含 Cr ②含 Cr、Ni ③含 Cr、Mn ④含 Cr、Mo 。

27. (1)　不具磁性的不銹鋼為 ①300 系 ②400 系 ③500 系 ④600 系 不銹鋼。

28. (4) 沃斯田體系不銹鋼之固溶溫度為 ①700～800℃ ②800～900℃ ③700～1000℃ ④1000～1100℃ 。

29. (2) 鋁的比重約為鐵的 ①1/2 ②1/3 ③1/4 ④1/5 。

30. (3) 鑄造用鋁合金的添加元素中，可改善流動性之元素為 ①Cu ②Mg ③Si ④Fe 。

31. (1) 鋁矽合金的改良處理所添加的元素為 ①Na ②K ③Mg ④Mn 。

32. (4) 可改善鋁合金耐熱性的元素為 ①Mg ②Mn ③Cr ④Ni 。

33. (3) 改善鋁合金耐蝕性最有效的元素為 ①Fe ②Na ③Mg ④Ni 。

34. (2) AA2000 系鋁合金係指 ①純鋁 ②Al-Cu 系 ③Al-Si 系 ④Al-Mn 系 合金。

35. (4) AA3000 系鋁合金係指 ①Al-Cu 系 ②Al-Si 系 ③Al-Mg 系 ④Al-Mn 系 合金。

36. (1) AA5000 系鋁合金係指 ①Al-Mg 系 ②Al-Zn 系 ③Al-Cu 系 ④Al-Si 系 合金。

37. (2) 導電率最好的金屬為 ①Cu ②Ag ③Au ④Pt 。

38. (1) 黃銅是 ①Cu-Zn ②Cu-Al ③Cu-Sn ④Cu-Mn 合金。

39. (4) Cu-Zn 合金中抗拉強度最大的是 ①10%Zn ②20%Zn ③30%Zn ④40%Zn 。

40. (3) Cu-Zn 合金中，伸長率最好的是 ①10%Zn ②20%Zn ③30%Zn ④40%Zn 。

41. (4) 青銅中抗拉強度最大時之 Sn 含量為 ①4% ②8% ③12% ④16% 。

42. (1) 青銅中伸長率最好時之 Sn 含量為 ①4% ②8% ③12% ④16% 。

43. (2) 彈簧用磷青銅，經冷加工後施以低溫退火，主要目的為提高 ①斷面縮率 ②彈性限 ③伸長率 ④抗拉強度 。

44. (4) 可改善鋼料因 S 所引起之高溫脆性的元素為 ①Cr ②Ni ③Mo ④Mn 。

45. (3) 下列鋼種何者不具磁性 ①鉻鋼 ②鉻鉬鋼 ③高錳鋼 ④鎳鉻鉬鋼 。

46. (1) 塑性加工程度愈高，則金屬的再結晶溫度 ①愈低 ②愈高 ③不變 ④與加工程度無關 。

47. (3) 構造用合金鋼添加鉬的主要目的是 ①提高切削性 ②防止低溫回火脆性 ③防止高溫回火脆性 ④改善延展性 。

48. (4) 防止黃銅季裂的方法為 ①高溫回火 ②固溶化處理 ③淬火 ④弛力退火 。

49. (2) 金屬材料承受拉力作用，當作用力去除後，不產生永久變形的最大應力限界稱為 ①比例限 ②彈性限 ③降服強度 ④極限強度 。

50. (2) 18-8 不銹鋼的標準成分含鎳為 ①18% ②8% ③0.18% ④0.8% 。

51. (2) 下列金屬元素何者無法提升硬化能 ①Ni ②Co ③Mn ④Mo 。

52. (3) 金屬材料的各種性質中，工程人員最重視材料的 ①物理性質 ②化學性質 ③機械性質 ④磁性 。

53. (1) 304 不銹鋼在冷加工後會產生何種效應 ①有磁性 ②無磁性 ③硬度降低 ④強度降低 。

54. (2) 必須達到下列何種成份才能稱為不銹鋼 ①12% Cr ③含有高 Ni ④含有高 Mn 。

55. (3) 模具用鋼的鋼種記號為： ①SK ②SKS ③SKD ④SKH 。

56. (4) 高速鋼的鋼種記號為： ①SK ②SKS ③SKD ④SKH 。

57. (3) 可藉析出硬化熱處理提高硬度的鋁合金為 ①1、3、4 ②3、4、5 ③2、6、7 ④1、4、5 系列。

58. (1) 可藉析出硬化熱處理提高硬度的鋼材為 ①630 不銹鋼 ②304 不銹鋼 ③440 不銹鋼 ④高速鋼 。

59. (2) AA 4000 系列鋁合金係指： ①Al-Cu ②Al-Si ③Al-Mg ④Al-Zn 合金。

60. (4) AA 6000 系列鋁合金係指： ①Al-Cu ②Al-Si ③Al-Zn ④Al-Mg-Si 合金。

61. (3) AA 7000 系列鋁合金係指： ①Al-Cu ②Al-Si ③Al-Zn ④Al-Mg 合金。

62. (1) AA2000 系列鋁合金析出硬化熱處理，會析出： ①Al-Cu ②Al-Si ③Al-Mg ④Mg- Si 化合物。

63. (3) 青銅的主要成分為： ①Cu-Zn ②Cu-Ni ③Cu-Sn ④Cu-Mn 。

64. (2) 白銅的主要成分為： ①Cu-Zn ②Cu-Ni ③Cu-Sn ④Cu-Mn 。

65. (1) 構造用鋼含碳量約為 ①0.05~0.6% C ②0.5~0.8% C ③0.8~1.5% C ④1.5~2.0% C 。

66. (1) 下列何種元素會降低鋼料 A3 變態點，含量多則沃斯田體明顯增加，碳量高時淬火後殘留沃斯田體增加 ①Ni ②Cr ③Mo ④V 。

67. (1) 下列元素何者增加硬化能效果最大 ①Mn ②Mo ③Cr ④Ni 。

68. (4) 就機械構造用鋼而言，原沃斯田體晶粒號數中，下列何者屬於細晶粒 ①2 號粒度 ②3 號粒度 ③4 號粒度 ④8 號粒度 。

69. (3) 決定鑄鐵性質最重要的元素 ①Fe、C ②C、Mn ③C、Si ④C、P 。

70. (1) 麻田散體系不銹鋼的代表性鋼種 ①含 13%Cr ②含 18%Cr ③含 18%Cr-8%Ni ④含 18%Cr-12%Ni-2.5%Mo 。

71. (2) 不會產生同素異形變態(Allotropic Transformation)的元素是 ①鐵 ②銅 ③鈦 ④錫 。

72. (4) 不常用來使金屬晶粒微細化的元素是 ①鈦 ②鈮 ③釩 ④鎂 。

73. (1) 常用為球墨鑄鐵鑄造時球化劑的元素是 ①鎂 ②錳 ③鋁 ④鎳 。

74. (1) 作為種類 T 的 CC 型熱電偶負極材料的康史登坦(Constantan)是 ①含 45%鎳和 55%銅的銅鎳合金 ②含 45%銅和 55%鎳的鎳銅合金 ③含 45%鎳和 55%鉑的鉑鎳合金 ④含 45%鉑和 55%鎳的鎳鉑合金 。

75. (4) 能有效提昇銅基合金(如黃銅)切削性的元素是 ①鋁 ②鎳 ③錫 ④磷 。

76. (3) 鎂合金中最輕且最容易鑄造的是 ①鎂-鋁-鋅系合金 ②鎂-鋁-鋯系合金 ③鎂-鋁系合金 ④鎂-鈦系合金 。

77. (4) 使材料的耐磨耗性降低的因素是 ①磨耗材不易黏著 ②磨耗材熱傳性佳 ③磨耗材強硬度高 ④磨耗材表面粗糙度大 。

02100 熱處理 丙級 工作項目 06：材料試驗

1. (3) 測試勃氏硬度之試片的厚度，原則上應大於壓痕深度之 ①3 倍 ②5 倍 ③10 倍 ④20 倍 。

2. (2) 如以 d 表示勃氏硬度測試之壓痕直徑，則壓痕與壓痕之間的中心距離應在 ①2d ②4d ③6d ④8d 以上。

3. (2) 如以 d 表示勃氏硬度測試之壓痕直徑，則壓痕之中心應距離試片邊緣 ①1d ②2.5d ③4d ④10d 以上。

4. (1) 勃氏硬度測試時，標準之荷重保持時間為 ①30 秒 ②45 秒 ③60 秒 ④90 秒 。

5. (3) 勃氏硬度值雖為無名數，但實際之單位為 ①lbf/in² ②lbf/in ③kgf/mm² ④kgf/mm 。

6. (4) HB(10/3000)300，其中之 10 代表 ①勃氏硬度為 10 ②壓痕直徑為 10mm ③試驗荷重為 10kg ④壓痕器為 10mm 鋼球 。

7. (1) 勃氏硬度值為 ①荷重除以鋼球壓痕器之壓痕的表面積 ②荷重除以鋼球壓痕器之壓痕的投影面積 ③荷重除以鑽石正方錐壓痕器之壓痕的表面積 ④荷重除以鑽石正方錐壓痕器之壓痕的投影面積 。

8. (1) 如以 d 表示維克氏硬度測試時之壓痕對角線長度，則試片之厚度應在 ①1.5d ②3d ③4.5d ④6d 以上。

9. (3) 如以 d 表示維克氏硬度測試時之壓痕對角線長度，則壓痕與壓痕間之中心距離應在 ①1d ②2.5d ③4d ④10d 以上。

10. (2) 如以 d 表示維克氏硬度測試時之壓痕對角線長度，壓痕之中心原則上應距離試片邊緣 ①1d ②2.5d ③4d ④5d 以上。

11. (3) 維克氏硬度值雖為無名數但實際之單位為 ①lbf/in² ②lbf/in ③kgf/mm² ④kgf/mm 。

12. (1) 維克氏硬度測試中，如以 A 表示壓痕之表面積，A'表示壓痕之投影面積 P 表示測試荷重則 ①HV＝P/A ②HV＝P/A' ③HV＝A/P ④HV＝A'/P 。

13. (3) 微硬度 HV(0.3)500 所表示之意義為 ①試驗荷重為 0.3g，硬度值為 HV500 ②試驗荷重為 0.3lb，硬度值為 HV500 ③試驗荷重為 0.3kg，硬度值為 HV500 ④試驗荷重為 300kg，硬度值為 HV500 。

14. (3) 維克氏硬度測試使用之壓痕器之鑽石正方角錐的對面夾角為 ①90° ②120° ③136° ④145° 。

15. (1) 洛氏硬度 HRC 所使用之壓痕器為 ①頂角 120°之鑽石圓錐 ②1.588mm 鋼球 ③頂角 136°之鑽石正方角錐 ④3.175mm 鋼球 。

16. (2) 洛氏硬度 HRB 所使用之壓痕器為 ①頂角 120°之鑽石圓錐 ②1.588mm 鋼球 ③頂角 136°之鑽石正方角錐 ④3.175mm 鋼球 。

17. (1) 洛氏硬度試驗 HRA 所使用之壓痕器為 ①頂角 120°之鑽石圓錐 ②1.588mm 鋼球 ③頂角 136°之鑽石正方角錐 ④3.175mm 鋼球 。

18. (2) 洛氏硬度 HRA，HRB，HRC 測試時之預壓荷重為 ①5kg ②10kg ③20kg ④30kg 。

19. (3) 洛氏 HRC 硬度試驗荷重為 ①60kg ②100kg ③150kg ④200kg 。

20. (2) 洛氏 HRB 硬度試驗荷重為 ①60kg ②100kg ③150kg ④200kg 。

21. (1) 洛氏 HRA 硬度試驗荷重為 ①60kg ②100kg ③150kg ④200kg 。

22. (2) 洛氏硬度測試圓棒之圓柱面硬度時，所測之值應予修正，其原則為 ①直徑愈大，補償（加值）愈大 ②直徑愈小，補償（加值）愈大 ③直徑愈大，扣除（減值）愈大 ④直徑愈小，扣除（減值）愈大 。

23. (3) 以撞錘撞擊試片，由其反彈的高度來決定其硬度的試驗方法為 ①洛氏 ②勃氏 ③蕭氏 ④維克氏 。

24. (3) 蕭氏硬度值應由 ①2 次 ②3 次 ③5 次 ④7 次 連續測試所得平均值表示之。

25. (4) 蕭氏硬度測試時之位置必須離試片邊緣 ①1mm ②2mm ③3mm ④4mm 以上。

26. (2) 蕭氏硬度測試時，兩個測試中心位置應大於 ①1 倍 ②2 倍 ③3 倍 ④4 倍壓痕之直徑。

27. (2) 測試灰鑄鐵的硬度最好採用 ①洛氏 ②勃氏 ③蕭氏 ④維克氏 硬度試驗。

28. (1) 模具鋼淬火硬化後之硬度試驗以 ①HRC ②HRB ③HB ④HV 最常被採用。

29. (2) 中低碳鋼退火後之硬度試驗以 ①HRC ②HRB ③HS ④HV 較為適當。

30. (4) 厚度 0.3mm 之黃銅板可採用之硬度試驗為 ①HRC ②HRB ③HR30N ④HR15T 。

31. (3) 厚度 0.3mm 之 SK5 鋼板淬火硬化後之硬度試驗應採 ①HRC ②HRB ③HR15N ④HR15T 。

32. (4) 滲碳工件檢驗，其有效硬化層時所採用的硬度試驗為 ①勃氏 ②洛氏 ③蕭氏 ④微硬度 HV 。

33. (4) 外徑 1m 之大型齒輪經火焰或高週波逐齒淬火硬化後之最簡單之硬度檢測方法為 ①勃氏 ②洛氏 ③維克氏 ④蕭氏 。

34. (1) 以下那種材料在做抗拉試驗時會有明顯的降伏點 ①軟鋼 ②淬火中碳鋼 ③純銅 ④純鋁 。

35. (2) 抗拉試驗時，拉伸速率愈快，其抗拉強度會因此 ①偏低 ②偏高 ③相同 ④不一定 。

36. (1) 抗拉試驗中之降伏點強度如未加註明，則指的是 ①上降伏點 ②下降伏點 ③上降伏點下降伏點之平均值 ④破壞強度之 70% 。

37. (3) 如抗拉試驗時沒有明顯的降伏點，則降伏強度可採 ①破壞強度之 70% ②破壞強度之 50% ③0.2 %應變截距法 ④直接採用破壞強度 。

38. (3) 標距 50mm 之抗拉試棒，斷裂後之長度為 60mm，則其延伸率為 ①10% ②16.7% ③20% ④40% 。

39. (2) 有一抗拉試棒之標距內直徑為 10mm，斷裂時之破斷力為 5,000kg，則其抗拉強度為 ①50kgf/mm² ②63.66kgf/mm² ③96.73kgf/mm² ④127.32kgf/mm² 。

40. (2) 衝擊試驗之衝擊值的單位為 ①kgf/cm² ②kgf-m/cm² ③kgf/cm ④kgf-m/cm 。

41. (3) 衝擊試驗所得衝擊值愈大表示 ①硬度愈高 ②硬度愈低 ③韌性愈高 ④韌性愈低 。

42. (4) 鋼之火花試驗會增加火花爆發數的元素為 ①鎢 ②矽 ③鉻 ④碳 。

43. (3) 金相試驗試片準備中，以砂輪切割試片時，應使用水冷卻之理由為 ①不使產生淬火硬化 ②容易切割 ③使不改變原來組織 ④減少空氣污染 。

44. (1) 金相試片在鑲埋時之溫度應不超過 ①130℃ ②180℃ ③250℃ ④300℃ 。

45. (4) 金相試片在手持試片，由粗至細之不同砂紙上磨平時應不時改變研磨的方向，其理由為 ①增加解析度 ②速度較快 ③防止過熱 ④除去嵌入金相試片基地的砂粒 。

46. (3) 顯微鏡之物鏡為 50 倍，目鏡為 10 倍，則其放大倍率為 ①60 倍 ②100 倍 ③500 倍 ④1000 倍 。

47. (2) 光學金相顯微鏡的最大放大倍率約為 ①100 倍 ②1000 倍 ③5000 倍 ④10000 倍 。

48. (2) 光學顯微鏡之解析度取決於 ①顯微鏡之倍率 ②鏡頭的開口度(NA) ③試片的平坦度 ④試片的反光度 。

49. (2) 機械的破壞約 90%肇因於金屬的 ①潛變 ②疲勞 ③加工硬化 ④壓縮 。

50. (4) 一般碳鋼的疲勞限強度約為其抗拉強度的 ①80% ②70% ③60% ④50% 。

51. (3) 能檢查材料熱處理後晶粒大小與組織變化之實驗為 ①火花試驗 ②硬度試驗 ③金相試驗 ④衝擊試驗 。

52. (4) 要分析鋼材中的殘留沃斯田鐵含量，以那種檢驗方式最為精準？ ①金相組織比對 ②硬度值 ③分光分析 ④X-ray 繞射分析 。

53. (1) 判定鋼材製品是否為鑄造品，可由金相組織做為判定依據，若是鑄造品的話，在金相組織中可觀察到何種組織 ①樹枝狀晶 ②鍛流線組織 ③韌渦組織 ④海鷗紋組織 。

54. (3) 鋼材的脫碳層若未能完全削除，或因熱處理過程造成表層脫碳的話，會在材料表層觀察到何種組織，這也是表層脫碳的證據 ①網狀雪明碳體 ②殘留沃斯田體 ③粗大的肥粒體 ④麻田散體 。

55. (3) 欲觀察淬火回火麻田散體的原沃斯田體結晶粒度，宜用何種浸蝕溶液 ①硝酸酒精溶液(Nital) ②王水 ③飽和苦味酸水溶液 ④熱鹽酸溶液 。

56. (4) 欲觀察鋼材的鍛流線組織，宜用何種浸蝕溶液 ①硝酸酒精溶液(Nital) ②王水 ③飽和苦味酸溶液 ④熱鹽酸溶液 。

57. (3) HR15N 硬度試驗荷重為何 ①0.15 kg ②1.5 kg ③15 kg ④150 kg 。

58. (2) 所有鋼材隨著溫度降低，其衝擊值都會逐漸從韌性轉變成為脆性；以下何種材料的低溫轉脆特性最不明顯 ①熱作模具鋼 ②沃斯田鐵系不銹鋼 ③高速度工具鋼 ④析出硬化型不銹鋼 。

59. (2) 正確測得有效硬化深度 0.3~0.5 mm的滲碳處理件，一般常選用何種硬度試驗 ①HR15N ②HRA ③HRB ④HRC 。

60. (2) 檢測鋼的結晶粒度，使用顯微鏡的標準倍率是 ①50 倍 ②100 倍 ③200 倍 ④500 倍 。

61. (4) JIS 金屬手冊中所載的構造用合金鋼之機械性質，使用多少直徑的試棒測試的結果 ①10 mm ②15 mm ③20 mm ④25 mm 。

62. (1) 檢測 S55C 完全退火後，波來體周圍的白色組織為 ①肥粒體 ②雪明碳體 ③變韌體 ④麻田散體 。

63. (3) 下列金屬件何者可以磁粉探傷法檢測其缺陷 ①18-8 不銹鋼 ②鋁合金 ③機械構造用鋼 ④銅合金 。

64. (3) 衝擊試驗的衝擊值會明顯受到試片取樣時凹槽位置的影響，衝擊值最高的試片凹槽位置在 ①平行輥壓面和輥壓方向 ②垂直輥壓面而平行輥壓方向 ③平行輥壓面而垂直輥壓方向 ④垂直輥壓面和輥壓方向 。

65. (2) Charpy 衝擊試片規格是 ①長度 55 mm凹槽位置離試片一端 20 mm處 ②長度 55 mm凹槽位置在試片中間 ③長度 75 mm凹槽位置在試片中間 ④長度 75 mm凹槽位置離試片一端 28 mm處 。

66. (4) Izod 衝擊試片規格是 ①長度 55 mm凹槽位置離一端 20 mm處 ②長度 50 mm凹槽位置在試片中間 ③長度 75 mm凹槽位置在試片中間 ④長度 75 mm凹槽位置離試片一端 28 mm處 。

67. (1) Charpy 衝擊試驗時那項敘述是錯的 ①擺錘衝擊試片凹槽面之上方 ②擺錘衝擊試片凹槽的正後方 ③試片以水平支撐于承載台兩端 ④試片上的凹槽是 V 型，夾角是 45 度 。

68. (2) Izod 衝擊試驗時那項敘述是錯的 ①擺錘衝擊試片凹槽面之上方 ②擺錘衝擊試片凹槽的正後方 ③試片以直立方式固定於試片台 ④試片上的凹槽是 V 型，夾角 45 度 。

69. (1) 在顆粒沖蝕磨耗試驗時，最常量取磨耗率與下列那項因素的變化關係 ①顆粒衝擊角度 ②顆粒衝擊速率 ③顆粒大小 ④顆粒衝擊距離 。

70. (3) 如果是由於試驗人員操作疏忽或計算錯誤所引起試驗結果的誤差，此種誤差一般稱為 ①隨機誤差 ②環境誤差 ③不合理誤差 ④感官判別誤差 。

02100 熱處理 丙級 工作項目 07：機械加工法

1. (2)　標準鑽頭之鑽唇間（尖端）角度為 ①110° ②118° ③120° ④125° 。

2. (4)　1/2-13UNC 螺紋符號是那一國的標準 ①中華民國 ②日本 ③德國 ④美國 。

3. (1)　方形螺紋最適合用於 ①傳達動力 ②固定機件 ③調整距離 ④精密儀器 。

4. (2)　三角皮帶的角度  為 ①35° ②40° ③45° ④60° 。

5. (1)　鎯頭之規格以 ①重量 ②頭部長度 ③號碼 ④柄長 稱呼之。

6. (4)　下列砂輪號碼中，何者砂粒最細、膠合度最硬 ①WA46H ②WA46P ③WA80H ④WA80P 。

7. (1)　1μm 單位是表示 ①百萬分之一公尺 ②百萬分之一公分 ③百萬分之一公厘 ④百分之一公厘 。

8. (2)　r.p.m.是代表 ①每分鐘角速度 ②每分鐘迴轉數 ③每分鐘線速度 ④每分鐘衝擊數 。

9. (3)　真空度常用單位是 ①MPa ②B.T.U ③Torr ④PSI 。

10. (1)　壓力單位 mmaq 是 ①水柱壓力 ②水銀柱壓力 ③真空度 ④大氣壓 。

11. (3)　華氏 77°為攝氏 ①零度 ②15℃ ③25℃ ④45℃ 。

12. (3)　砂輪編號的 WA 是表示用 ①氧化鋯 ②碳化矽 ③白色氧化鋁 ④碳化硼 磨料製造者。

13. (2)　三角皮帶上印有“A100”號碼其數字“100”是表示 ①長度 100 公分 ②長度 100 英吋 ③強度 100 公斤級 ④強度 100 英磅級 。

14. (4)　有每一邊長 100cm 之立方體水桶裝滿水時，其所裝之水重為 ①100 公斤 ②200 公斤 ③500 公斤 ④1,000 公斤 。

15. (2)　鋼管（瓦斯、水管）之稱呼尺寸為根據 ①管外徑尺寸 ②管近似內徑尺寸 ③管內外徑平均值 ④管牙螺紋底徑 而定之。

16. (1)　公制螺紋符號 M30×1 表示 ①公制螺紋外徑 30mm，節距 1mm ②公制螺紋外徑 30mm，1 級螺紋 ③公制螺紋外徑 30mm，螺紋高 1mm ④公制螺紋外徑 30mm，1 級配合 。

17. (1)　銼刀的銼齒硬度須在多少以上 ①62HRC ②50HRC ③40HRC ④不須考慮硬度 。

18. (3)　砂輪規格為 SA-60-T-B-F，其中 SA 是代表下列何者 ①製法 ②粒度 ③磨料種類 ④組織 。

19. (2)　鑽削鋼料時加切削劑，下列何者不是其主要功用 ①冷卻工件 ②協助斷屑 ③潤滑作用 ④冷卻鑽頭 。

20. (4)　一般手弓鋸條的材質為 ①中碳鋼 ②鑄鋼 ③碳化物 ④碳工具鋼 。

21. (1)　下列有關銼刀的敘述，何者正確 ①使用銅刷去除銼屑 ②硬材料應使用粗銼刀 ③使用新銼刀銼削鑄件表面及工作黑皮 ④銼削鑄件，銼刀面加潤滑油 。

22. (2)　高速鋼車刀刃口研磨時，必須經常以水冷卻以避免 ①脆化 ②退火軟化 ③回火韌化 ④硬化 。

23. (3)　螺帽與所結合的機件間，置入彈簧墊圈之功用為 ①增加螺帽厚度 ②美觀 ③防止螺帽鬆脫 ④不容易拆卸 。

24. (3)　銑削時產生火花現象，其可能原因為 ①進給量太小 ②主軸轉速太低 ③刀具鈍化 ④切削馬力太小 。

25. (4)　使用砂輪切割機的安全準則，下列何者錯誤 ①裝夾工件時應平穩牢固 ②硬質材料切割時進給速率要放慢 ③應正確使用防護罩 ④砂輪片輕微破損仍可繼續使用 。

26. (4)　鑽頭即將貫穿工件時，為避免卡住鑽頭，鑽削的的壓力應 ①一致 ②不加壓 ③增加 ④減輕 。

27. (3)　下列之車刀材質何者使用的切削速度最慢 ①陶瓷 ②高速鋼 ③碳工具鋼 ④碳化物 。

28. (2)　下列何者不是優良切削劑的特性 ①不腐蝕機器及刀具 ②具水溶性、揮發性及泡沫 ③兼顧冷卻性及潤滑性 ④高溫不易著火燃燒 。

29. (1)　主要切削工具機的床台製造方式為 ①砂模鑄造法 ②脫蠟鑄造法 ③板片熔接法 ④粉末冶金法 。

30. (2)　主要切削工具機的床台的鑄鐵用料為 ①肥粒體基地灰鑄鐵 ②波來體基地灰鑄鐵 ③肥粒體基地球墨鑄鐵 ④波來體基地球墨鑄鐵 。

31. (3)　以下那一種切削工具機，被加工件最有可能殘留磁性 ①車床 ②銑床 ③磨床 ④鑽床 。

32. (3)　以下那一種切削工具機，被加工件有最小的表面粗糙度 ①車床 ②銑床 ③磨床 ④鑽床 。

33. (1)　以下那一種切削工具機主要應用於切削圓柱件外圓面 ①車床 ②銑床 ③磨床 ④鑽床 。

34. (2)　適用於加工出模具之模穴的切削工具機為 ①車床 ②銑床 ③磨床 ④鑽床 。

02100 熱處理 丙級 工作項目08：製圖

1. (3)　工程畫表示鑽頭圓錐部份 α 夾角，習慣上以 ①60° ②90° ③120° ④136° 畫製之。

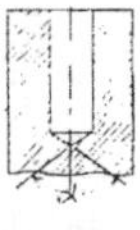

2. (3)　投影圖，將由左邊看的投影圖，畫於正視圖之左邊者為 ①第一角畫法 ②第二角畫法 ③第三角畫法 ④第四角畫法 。

3. (1)　如下圖之投影圖，數值「32」是表示 ①弦長 ②弧長 ③半徑長 ④弧線展開長 。

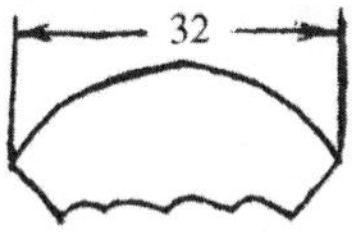

4. (1)　工程畫中放大兩倍來畫製時，比例欄中應寫為 ①2：1 ②1：2 ③1/2 ④2×1 。

5. (4)　工程畫之投影圖表示看不到的投影用 ①細線一長一短 ②細線一長二短 ③細實線 ④中線虛線 表示。

6. (3)　工作圖之尺寸 $\Phi75^{+0.015}_{-0.010}$ 是表示 ①圓柱之長度可作到 75.015～74.990 之間 ②圓柱直徑可作到 75.005～75.010 之間 ③圓孔直徑可作到 75.015～74.990 之間 ④圓孔直徑可作到 75.015～75.010 之間 。

7. (1)　下列簡號中何者為德國工業標準 ①DIN ②CNS ③JIS ④ISO 。

8. (2)　1 英吋為 ①22mm ②25.4mm ③30mm ④30.5mm 。

9. (4)　1 英呎為 ①22 cm ②25 cm ③30 cm ④30.48 cm 。

10. (2)　下列投影圖，以第三角畫法所畫者，其中那一組圖不成立

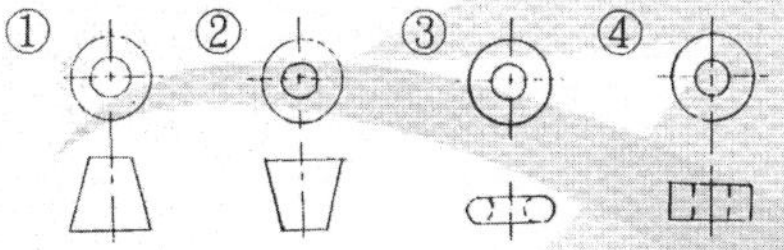

。

11. (1)　工作圖中，最粗的表面加工符號為 ①～ ②▽▽▽ ③▽▽ ④▽ 。

12. (2)　下列製圖鉛筆中，何者筆芯硬度最硬 ①2B ②H ③HB ④F 。

13. (1)　表示中心線平均粗糙度之符號為 ①Ra ②Rz ③Rmax ④Rt 。

14. (2)　工作圖上「R10」係表示圓弧 ①直徑 10 mm ②半徑 10 mm ③直徑 10 cm ④半徑 10 cm 。

15. (2)　繪圖時，為表示圓柱體、圓錐體等對稱物體，須畫出 ①折斷線 ②中心線 ③虛線 ④剖面線 。

16. (3)　製圖時，圖框線應為 ①粗鏈線 ②細實線 ③粗實線 ④虛線 。

17. (3)　標註圓的直徑或半徑尺度時，尺度線必須通過或指向 ①切線 ②四分點 ③圓心 ④圓周上一定點 。

18. (4)　下列何者非工程製圖標準 ①ISO ②CNS ③JIS ④CE 。

19. (2)　機械工作圖所用的尺度單位是 ①m ②mm ③cm ④μm 。

20. (2)　下列線條何者以虛線繪製 ①尺度線 ②隱藏線 ③中心線 ④剖面線 。

21. (3)　比例 1：2 時，是表示圖形線長為標註尺度數值的 ①2 倍 ②1 倍 ③1/2 倍 ④12 倍 。

22. (3)　表面粗糙度的單位為 ①mm ②cm ③μm ④dm 。

23. (3)　尺度Φ30H7 中，"H"表示 ①公差種類 ②公差等級 ③偏差位置 ④配合等級 。

24. (4) 尺度數字前加「t」表示 ①間隙 ②斜度 ③頂點 ④板厚 。

25. (3) ㎜是μm的幾倍 ①10 ②100 ③1000 ④0.1 。

26. (4) 工作圖中最常用之投影法為 ①透視圖法 ②斜視圖法 ③鳥瞰圖法 ④正投影法 。

27. (3) 我國標準投影法係採用 ①第一角法 ②第三角法 ③第一角、第三角同時適用 ④隨意任何角法皆可 。

28. (3) 實際產業應用工作圖中，下列材料欄位的標示法不洽當 ① JIS S45C ② AISI 4140 ③中碳鋼 ④ AA 6061-T6 。

29. (4) 實際產業應用工作圖中，會如何呈現指定熱處理加工製程參數 ①加註在材料欄位 ② 加註在特性要求欄位 ③圖面不可以指定熱處理製程 ④加註在備註(Note)處 。

30. (2) AA6061-T6 的強度與硬度欄位可以標示為 ① 58-62HRC ② 58-62HRB ③ 58-62HB ④ 58-62HV 。

31. (1) SKD11 淬火回火工件，硬度欄標示下列那一種標示較為正確 ① 56-60 HRC ② 56-60 HRB ③78-82HRC ④ 78-82 HRB 。

32. (3) S45C 淬火回火工件，硬度欄標示下列那一種標示較為正確 ①80 HRC ② 80 HRB ③ 40 HRC ④ 40 HB 。

33. (1) JIS SCM415 滲碳工件，硬度欄標示下列那一種標示較為正確 ①有效滲碳深度 0.2~0.4 ㎜ ②表面硬度 78-82HRB ③心部硬度 40-44 HRB ④表面硬度 78-82 HRC 。

02100 熱處理 丙級 工作項目 09：電工

1. (4) 台灣工業用電一般為 ①110 伏特 60 赫 ②220 伏特 50 赫 ③110 伏特 50 赫 ④220 伏特 60 赫 。

2. (1) 有一盞 110 伏特用 100 瓦電燈泡，連續使用 24 小時，共耗電 ①2.4 瓩小時 ②2.64 瓩小時 ③2.2 瓩小時 ④11 瓩小時 。

3. (4) 1 瓦(W)為 ①1 伏特(V)×1 歐姆(Ω) ②1 安培(A)×1 歐姆(Ω) ③1 伏特(V)×1000 安培(A) ④1 伏特(V)×1 安培(A) 。

4. (3) 同一直徑及長度之金屬線，依電阻大小順序分別為 ①鋁、鐵、銅 ②銅、鋁、鐵 ③鐵、鋁、銅 ④銀、銅、鋁 。

5. (4) 機械設備設有接地線，其目的為 ①使電壓穩定 ②增加通電效率 ③減少電阻 ④預防漏電 之安全措施。

6. (3) 用於電壓 220 伏特，週波數 60 赫之馬達，如果用於 220 伏特 50 赫之電，此馬達 ①會燒壞 ②迴轉數不變 ③迴轉數變少 ④迴轉數變多 。

7. (1) 220 伏特用之電燈泡用於 110 伏特電壓的家庭電，其電燈泡會 ①比用於 220 伏特電時暗 ②比用於 220 伏特電時亮 ③不亮 ④亮了不久燈絲就熔斷 。

8. (2) 熱處理鹽浴電極爐用電是 ①高電壓、高電流 ②低電壓、高電流 ③低電壓、低電流 ④低電阻、低電流 。

9. (3) 日本系統的 K 型(Chromel-Alumel)熱電偶之補償導線包覆層的顏色為 ①黑色 ②黃色 ③藍色 ④褐色 。

10. (3) K 型(Chromel-Alumel)熱電偶的最高使用溫度為 ①600℃ ②800℃ ③1200℃ ④1600℃ 。

11. (3) 電的不導體為 ①地球 ②人 ③橡皮 ④金 。

12. (3) 功率 1 馬力(1HP)等於 ①1 瓩 ②10 瓩 ③746 瓦 ④7.46 瓩 。

13. (2) 直徑相同下，下列哪一種線材的電阻最大為 ①吹風機用電線 ②電爐用加熱線 ③純鋁線 ④純銅線 。

14. (3) 週波數的單位 1 赫茲（Hz）表示事件多久發生一次 ①每一微秒 ②每一毫秒 ③每一秒 ④每一分 。

15. (4) 常用實驗室三用電錶沒有辦法直接量測 ①100 伏特 交流電壓 ②5 安培 電流 ③5 歐姆 電阻 ④60 赫 週波數 。

16. (2) 工廠內的加熱電爐控制面板不會有 ①電流錶 ②電阻錶 ③溫度錶 ④電壓錶 。

17. (4) 電功率 P 定義是電功除以時間，也可表示成 ①電流乘電阻 ②電壓平方乘電阻 ③電流平方乘電壓 ④電流平方乘電阻 。

18. (4) 下列那一個單位不是常用來表示頻率的單位 ①每分鐘轉速（rpm） ②心率（bpm） ③週波數 赫(Hz) ④電流 安培(A) 。

19. (4) 熱處理設備訊號控制用電子零件，如繼電器、電磁閥…等，一般採用何種電源 ①交流 380V ②交流 220V ③交流 110V ④直流 24V 。

20. (1) 真空淬火爐的控制用熱電偶，一般採用何種類型的熱電偶？才能確保長時間且穩定的在高溫環境下使用 ①S-type ②N-type ③K-type ④J-type 。

21. (3) 在真空淬火爐中，用來插入被處理工件內部，偵測被處理物心部溫度的熱電偶，一般是何種類型 ①S-type ②T-type ③K-type ④J-type 。

22. (1) S-type 熱電偶的快速接頭，顏色為何 ①綠色 ②紫色 ③黃色 ④黑色 。

家圖書館出版品預行編目資料

熱處理檢定：丙級證照學術科秘笈／吳忠春
著. -- 初版. -- 臺北市：五南圖書出版股
份有限公司, 2015.05
面； 公分
ISBN 978-957-11-7949-0（平裝）

1.金屬材料 2.熱處理

40.35 103025163

所有・欲利用本書內容，必須徵求本公司同意※

5F63

熱處理檢定：丙級證照學術科秘笈(修訂版)

作　　者 — 吳忠春（56.6）
編輯主編 — 王正華
責任編輯 — 張維文
封面設計 — 小小設計有限公司
出 版 者 — 五南圖書出版股份有限公司
發 行 人 — 楊榮川
總 經 理 — 楊士清
總 編 輯 — 楊秀麗
地　　址：106台北市大安區和平東路二段339號4樓
電　　話：(02)2705-5066　　傳　　真：(02)2706-6100
網　　址：https://www.wunan.com.tw
電子郵件：wunan@wunan.com.tw
劃撥帳號：01068953
戶　　名：五南圖書出版股份有限公司
法律顧問　林勝安律師
出版日期　2015年5月初版一刷
　　　　　2025年2月初版九刷
定　　價　新臺幣250元

五南
WU-NAN
全新官方臉書
五南讀書趣
WUNAN
Books
since1966
Facebook 按讚
1 秒變文青
五南讀書趣 Wunan Books
★ 專業實用有
★ 搶先書籍開
★ 獨家優惠好
不定期舉辦抽
贈書活動喔！

經典永恆·名著常在

五十週年的獻禮——經典名著文庫

五南，五十年了，半個世紀，人生旅程的一大半，走過來了。
思索著，邁向百年的未來歷程，能為知識界、文化學術界作些什麼？
在速食文化的生態下，有什麼值得讓人雋永品味的？

歷代經典·當今名著，經過時間的洗禮，千錘百鍊，流傳至今，光芒耀人；
不僅使我們能領悟前人的智慧，同時也增深加廣我們思考的深度與視野。
我們決心投入巨資，有計畫的系統梳選，成立「經典名著文庫」，
希望收入古今中外思想性的、充滿睿智與獨見的經典、名著。
這是一項理想性的、永續性的巨大出版工程。
不在意讀者的眾寡，只考慮它的學術價值，力求完整展現先哲思想的軌跡；
為知識界開啟一片智慧之窗，營造一座百花綻放的世界文明公園，
任君遨遊、取菁吸蜜、嘉惠學子！